彩图 1　日光温室

彩图 2　钢架大棚

彩图 3　拱棚

彩图 4　京欣砧 4 号

彩图 5　勇砧

彩图 6　京欣 3 号

彩图 7　华欣

彩图 8　京美8K

彩图 9　京嘉

彩图 10　超越梦想

彩图 11　L600

彩图 12　京美2K

彩图 13　京玲

彩图 14 京珑

彩图 15 京彩 1 号

彩图 16 京彩 3 号

彩图 17 京彩 4 号

彩图 18 炫彩 1 号

彩图 19 炫彩 2 号

彩图 20　炫彩 3 号

彩图 21　一特白

彩图 22　金衣

彩图 23　竹叶青

彩图 24　金玉满堂

彩图 25　北农翠玉

彩图 26　京雪 2 号

彩图 27　阿鲁斯

彩图 28　西瓜、甜瓜集约化育苗技术

彩图 29　嫁接育苗技术

彩图 30　蜜蜂授粉技术

彩图 31　土壤消毒技术

彩图 32　多重覆盖技术

彩图 33　天窗放风技术

彩图 34
绿色生物防控技术
——种子包衣处理

彩图 35　水肥一体化技术

彩图 36　小型西瓜优质吊蔓栽培技术

彩图 37　中型西瓜长季节栽培技术

彩图 38　小型西瓜基质栽培技术

彩图 39　甜瓜树式栽培技术

彩图 40　薄皮甜瓜多果多茬栽培技术

彩图 41
网纹甜瓜栽培技术

设施
西瓜甜瓜
均一栽培技术

曾剑波 马超 李婷 主编

化学工业出版社

·北京·

内容简介

本书详细介绍了西瓜、甜瓜的营养价值、栽培情况及生物学特性，以及西瓜、甜瓜生产的基础条件和近年来的优新品种，重点介绍了西瓜、甜瓜栽培关键技术、栽培技术规程、主要栽培模式、均一化管理技术及品牌建设等内容，系统总结了近年来西瓜、甜瓜主要的种植模式及应用情况，可帮助瓜农、企业、合作社等实现西瓜、甜瓜的高效种植，适应规模化种植、品牌化经营的大趋势。书中附西瓜、甜瓜部分优新品种及实际生产操作过程中的高清技术彩图。

本书内容丰富，技术性强，可供西瓜、甜瓜种植者、企业、合作社以及农业技术人员阅读参考。

图书在版编目（CIP）数据

设施西瓜甜瓜均一栽培技术 / 曾剑波，马超，李婷主编 . —北京：化学工业出版社，2023.10
ISBN 978-7-122-43875-1

Ⅰ. ①设… Ⅱ. ①曾…②马…③李… Ⅲ. ①西瓜 - 瓜果园艺②甜瓜 - 瓜果园艺 Ⅳ. ① S65

中国国家版本馆 CIP 数据核字（2023）第 136149 号

责任编辑：冉海滢　刘　军　　　文字编辑：李娇娇
责任校对：宋　玮　　　　　　　装帧设计：关　飞

出版发行：化学工业出版社
　　　　　（北京市东城区青年湖南街 13 号　邮政编码 100011）
印　　装：大厂聚鑫印刷有限责任公司
880mm×1230mm　1/32　印张 6　彩插 3　字数 138 千字
2023 年 8 月北京第 1 版第 1 次印刷

购书咨询：010-64518888　　　售后服务：010-64518899
网　　址：http://www.cip.com.cn
凡购买本书，如有缺损质量问题，本社销售中心负责调换。

定　　价：49.80 元

本书编写人员

主　　编：曾剑波　马　超　李　婷

副 主 编：徐　进　穆生奇　张　莹　陈艳利

编写人员：曾剑波　马　超　李　婷　徐　进

　　　　　穆生奇　张　莹　陈艳利　攸学松

　　　　　刘立娟　韩立红　李金萍　张冬雷

　　　　　张雪梅　徐　茂　江　姣

前言

　　西瓜、甜瓜产业作为实现农业增产、农民增收、农村发展的一项重要产业，在我国农业生产中的地位日益重要。作为全球西瓜、甜瓜生产与消费第一大国，近十年来我国西瓜、甜瓜常年播种面积约 200 万公顷，总产量 6300 万～7600 万吨。从发展趋势来看，区域性地方特色西瓜、甜瓜产业日益突出，成为各地农业经济发展的重要支撑。

　　我国是世界重要的西瓜、甜瓜种植国和消费国，栽培历史悠久，甜瓜有 3000 多年栽培历史，西瓜有 1000 多年栽培历史。改革开放以来，我国西瓜、甜瓜产业发展迅速，面积、产量均位居全球第一。目前全国西瓜、甜瓜种植面积 153.3 万～166.7 万公顷，形成了华南、黄淮海、长江流域、西北和东北 5 大优势区域。从全国区域布局来看，西瓜生产布局主要以华东、华中和华南三大地区为主，生产面积占全国的 70% 左右。我国甜瓜生产有华东、华中、华南、西北四个主产区，集中度高于西瓜生产。

　　本书详细介绍了近年来西瓜、甜瓜生产中的优新品种、栽培关键技术、主要栽培模式、过程化管理手段及品牌建设等内容，既有基本的理论知识和通用技术，又有生产实践中形成的实用技术技巧。文前配以西瓜、甜瓜部分优新品种及实际生产操作过程中的高清技术彩图，对于农民从事设施西瓜、甜瓜的生产，具有很强的指导性和实用性。书中大部分内容适用于我国东北、华北和西北地区设施西瓜、甜瓜生产，部分内容适用于其他地区西瓜和甜瓜生产。在实际生产中，尚需结合本地实际情况参考应用，如品种要结合目标市场消费习惯，技术指标要结合本地设施、土壤、气候特点等适当调整。

由于编者水平所限，书中疏漏之处在所难免，敬请广大读者朋友赐正。

编者
2023 年 2 月

目录

第一章

概　述

第一节　西瓜、甜瓜的营养价值

一、西瓜的特性与营养价值

西瓜（*Citrullus lanatus*）为一年生草本植物，属葫芦科，原产于非洲。西瓜是一年生蔓生藤本；茎、枝粗壮，具明显的棱沟；叶柄粗；叶片纸质，轮廓为三角状卵形，带白绿色，叶片基部心形，有时形成半圆形的弯缺；雌雄同株。雌、雄花均单生于叶腋。果实近于球形或椭圆形，肉质，多汁，果皮光滑，色泽及纹饰各式，主要的食用部分为发达的胎座。种子多数，卵形，黑色、红色，有时为白色、黄色、淡绿色或有斑纹。

《中国植物志》中记载西瓜甘甜多汁，清爽解渴，是盛夏佳果。西瓜瓤肉含糖量一般为 5% ～ 12%，糖分主要包括葡萄糖、果糖和蔗糖，还含有少量的番茄红素、瓜氨酸、维生素 C 等功能性成分，并且鲜食即可被人体吸收而产生保健作用。据报道，每100g西瓜中番茄红素的平均含量为4.87mg，瓜氨酸的平均含量为223mg，维生素C的平均含量为6mg。西瓜的营养成分及含量如表1-1所示。西瓜中的番茄红素具有防癌、抗癌、活化免疫细胞的功能；瓜氨酸具有保护心血管、延缓衰老、护肤祛斑等功能。

表1-1　西瓜的营养成分（按每100g统计）

成分名称	含量	成分名称	含量	成分名称	含量
可食部	56g	蛋白质	0.6g	核黄素	0.03mg
能量	105kJ	膳食纤维	0.3g	维生素E（T）	0.1mg
碳水化合物	5.8g	维生素A	75mg	α-E	0.06mg
灰分	0.2g	硫胺素	0.02μg	(β, γ)-E	0.01mg
尼克酸	0.2mg	维生素C	6mg	δ-E	0.03mg
水分	93.3g	脂肪	0.1g	钾	87mg
钙	8mg	磷	9mg	铁	0.3mg
钠	3.2mg	镁	8mg	铜	0.05mg
锌	0.1mg	硒	0.17μg		
锰	0.05mg	胡萝卜素	450μg		

西瓜皮营养极为丰富，含各类糖、氨基酸、番茄素、胡萝卜素、维生素A、B族维生素、维生素C等，具有很高的利用价值。特别是中果皮经暴晒晒干后即为中草药"西瓜翠衣"，有清热利尿之功能。西瓜霜是治疗咽喉口腔疾病的著名中药，其实是将皮硝放入西瓜后，于西瓜最外一层薄皮上渗出的一层白色霜状粉末，为西瓜皮和皮硝混合而成的粉状结晶，具有很强的抗菌消炎作用。西瓜籽具有清肺、润肠和助消化作用，并可缓解急性膀胱炎的症状。西瓜根和叶加水煎服可治肠炎、腹泻和痢疾。

西瓜含有多种营养成分，具有多种保健功能，种植范围较广，据统计，世界上生产面积超过 1 万公顷的就有 36 个国家，各国对西瓜的育种、生产、加工研究都很重视。西瓜除鲜食外也用于提取番茄红素、瓜氨酸，加工成西瓜霜等药品。西瓜食用后瓜皮一般作为垃圾处理，其实可以再利用，如用于加工提取瓜氨酸，制成西瓜皮果酱、酱瓜皮、西瓜皮果醋等。

二、甜瓜的特性与营养价值

甜瓜（*Cucumis melo* L.）因瓜肉味甜而得名，又因其清香袭人故又名香瓜。甜瓜原产非洲埃塞俄比亚高原及其毗邻地区，中国的黄淮和长江流域为薄皮甜瓜次生起源中心之一。新疆维吾尔自治区（以下简称新疆）为厚皮甜瓜次生起源中心之一。甜瓜在中国、俄罗斯、西班牙、美国、伊朗、意大利、日本等国家普遍栽培。

甜瓜为葫芦科黄瓜属一年生蔓性草本植物，叶心脏形或掌形。五花瓣黄色，雌雄同株，雌花为两性花包含雄蕊和雌蕊，雄花为单性只有雄蕊。瓜呈球、卵、椭圆或扁圆形，皮色黄、白、绿或杂有各种斑纹。果肉绿、白、赤红或橙黄色，肉质脆或绵软，味香而甜。性喜高温、干燥和充足的阳光。果实作水果或蔬菜用；瓜蒂和种子药用。鲜果食用为主，也可制作瓜干、瓜脯、瓜汁、瓜酱及腌渍品等。

甜瓜除了水分和蛋白质的含量低于西瓜外，其他营养成分大部分不少于西瓜，而芳香物质、矿物质、糖分和维生素 C 的含量则明显高于西瓜（表1-2）。多食甜瓜，有利于人体心脏和肝脏以及肠道系统的活动，促进内分泌和造血机能。医学上认为甜瓜具有"消暑热，解烦渴，利小便"的显著功效。

表 1-2　甜瓜的营养成分（按每 100g 统计）

成分名称	含量	成分名称	含量	成分名称	含量
可食部	78g	蛋白质	0.4g	核黄素	0.03mg
能量	109kJ	膳食纤维	0.4g	维生素 E（T）	0.47mg
碳水化合物	6.2g	维生素 A	5mg	α-E	0.11mg
灰分	0.4g	硫胺素	0.02μg	(β, γ)-E	0.29mg
尼克酸	0.2mg	维生素 C	15mg	δ-E	0.07mg
水分	92.9g	脂肪	0.1g	钾	139mg
钙	14mg	磷	17mg	铁	0.7mg
钠	8.8mg	镁	11mg	铜	0.04mg
锌	0.09mg	硒	0.4μg		
锰	0.04mg	胡萝卜素	30μg		

第二节　全球西瓜、甜瓜栽培概况

　　西瓜、甜瓜是重要的经济作物，在世界水果生产和消费中具有重要的地位。FAO（联合国粮食及农业组织）数据库显示，2018 年全球西瓜、甜瓜收获总面积和总产量分别为 428.85 万公顷、13128.06 万吨，分别占全球水果面积和产量的 6.3%、15.13%，相当于西瓜、甜瓜用全球 6.3% 的收获面积产出了 15.13% 的水果产品。西瓜、甜瓜具有高产特点，随着科技的发展、种植模式的创新、产业的带动和居民消费水平的升级，西瓜、甜瓜种植水平得到显著提高，西瓜、甜瓜的单产水平远高于其他水果。2018 年西瓜、甜瓜 $1hm^2$ 产量分别达到 32.07t、26.11t，是苹果单产的 1.83 倍和 1.90 倍。

FAO 数据库显示，分大洲看，亚洲是全球西瓜、甜瓜最大的生产和消费区域，其中，西瓜收获面积、产量分别为 233.26 万公顷、8420.92 万吨，占全球的 71.52%、81.01%；甜瓜区域分布与西瓜十分类似，亚洲收获面积、产量分别为 72.41 万公顷、1995.90 万吨，分别占全球的 69.14%、72.98%。美洲、非洲和欧洲的收获面积、产量相当，大洋洲最少。亚洲较其他洲单产也较高。分国别看，全球西瓜收获面积排名前十的国家为中国、伊朗、俄罗斯、苏丹、巴西、印度、土耳其、阿尔及利亚、哈萨克斯坦以及越南，排名前十的国家收获面积总和占总面积的 72.40%，产量前十的国家为中国、伊朗、土耳其、印度、巴西、阿尔及利亚、俄罗斯、乌兹别克斯坦、美国和埃及，排名前十国家的产量总和占比 81.66%。全球甜瓜收获面积前十的国家为中国、伊朗、土耳其、印度、哈萨克斯坦、阿富汗、美国、危地马拉、埃及和意大利，合计占比 72.50%；产量前十的国家为中国、土耳其、伊朗、印度、哈萨克斯坦、美国、埃及、西班牙、危地马拉、意大利，合计占比 79.73%。

第三节　我国西瓜、甜瓜栽培概况

一、种植面积与总产量趋于稳定

改革开放以来，我国西瓜、甜瓜产业发展迅速，种植面积、产量和消费量均位居全球第一。2018 年我国西瓜的收获面积、产量分别占全球的 46.25%、60.43%；甜瓜的收获面积、产量分别占全球的 33.85%、46.54%。

二、优势区域逐步形成

农业部《全国西瓜甜瓜产业发展规划（2015—2020 年）》（以下简称《规划》）划定了 5 大西瓜甜瓜优势区域，即华南、黄淮海、长江流域、西北和东北 5 大优势区域。从全国区域布局来看，西瓜生产布局主要以华东、华中和华南三大地区为主，生产面积占全国的 70% 左右。我国甜瓜生产有华东、华中、华南、西北四个主产区，集中度高于西瓜。

三、栽培模式不断创新

各地采用不同品种、不同区域和不同栽培模式，基本满足了消费市场的需求并实现了周年供应。从栽培品种来看，中小果型、高糖、硬脆和耐裂的西瓜品种日益增多，小型有籽西瓜种植面积不断上升，而大果型、无籽、露地栽培型品种比例有所下降；设施优质厚皮甜瓜和优质薄皮甜瓜品种的生产面积逐年增加。从技术模式来看，随着《规划》在各地的稳步落地，《规划》中明确的"八大模式"也得到了广泛的示范应用，即西北露地厚皮甜瓜高效优质简约化栽培模式、西北压砂瓜高效优质简约化栽培模式、北方设施西瓜甜瓜早熟高效优质简约化栽培模式、北方露地中晚熟西瓜高效优质简约化栽培模式、南方中小棚西瓜甜瓜高效优质简约化栽培模式、南方露地中晚熟西瓜高效优质简约化栽培模式、华南反季节西瓜甜瓜高效优质简约化栽培模式及城郊型观光采摘西瓜甜瓜栽培模式。

四、市场价格波动起伏

西瓜、甜瓜的价格随着季节的变化而波动变化，每年 2 ～ 4 月前后达到高峰，8 ～ 9 月达到最低点，近几年来，西瓜、甜瓜价格一直较为平稳。2019 年，西瓜、甜瓜平均每千克价格为 6.07 元和 3.66 元，同比分别上涨 1.97% 和 2.84%。

五、进出口贸易平稳发展

中国海关数据库数据显示，近几年西瓜、甜瓜进出口保持平稳发展。广东、云南 2 省是主要的西瓜出口地，北京、山东、云南是主要的西瓜进口地。西瓜出口大多集中在越南和朝鲜，进口主要集中在越南和缅甸。云南、新疆是主要的甜瓜出口地，新疆是主要的甜瓜进口地。甜瓜出口大多集中在泰国、马来西亚和朝鲜，进口主要集中在缅甸。

第四节　北京市西瓜、甜瓜产业发展概况

西瓜、甜瓜作为北京市的主要农作物，是农民增收致富的重要产业。1980 年至今北京西瓜产业经历了提高总产保供应、优质化多样化、全面提升和绿色高质量发展四个阶段。尤其是 2013 年北京市西甜瓜创新团队成立后，通过开展新品种选育和高产优质技术研究与示范工作，促进了产业的优质化、规范化和品牌化发展，使得北京市西瓜、甜瓜产业进入到绿色高质量发展阶段。这一时期，主要开展了设施西瓜特色、高端品种筛选，"两减一节"

技术和产业链关键技术的研究和推广工作。

一、北京西瓜、甜瓜种植结构

1. 产业结构

2021年全市设施面积为43.51万亩（1亩≈666.7m²），瓜类设施面积为4.37万亩，占全市设施面积的10.03%；2021年，设施瓜类总产值9.9亿元，占设施总产值的19.74%，进一步提高了全市鲜活农产品供应保障能力。

2. 区域结构

北京市西瓜、甜瓜主产地位于大兴区、顺义区、延庆区和昌平区等，其中大兴区和顺义区不仅是西瓜、甜瓜的主产区，也是国家级的优势产区，形成了以"大兴庞安路（庞各庄、魏善庄）"和"顺义龙塘路（李桥、李遂、杨镇、北务）"为主的两条产业带，这两个重要的西瓜、甜瓜产业带，占全市总生产面积的85%。此外，通州、房山、平谷和延庆等区也有小面积生产种植，密云、昌平、顺义、大兴等区的农业观光采摘园区也有部分种植。

3. 品种结构

北京市西甜瓜创新团队选育出了"超越梦想、华欣2号、京美、京颖、京彩1号、金衣、维蜜"等10多个不同类型的西瓜、甜瓜品种，在京郊种植面积达90%以上。其中小型西瓜的种植面积占比超过60%，面积达到2.36万亩。

4. 面积产量

2013～2020年期间，全市西瓜、甜瓜的年均生产面积较上个十年降低 49.96%，为 5.57 万亩；平均亩产量增加 0.5%，为 348.14kg；年供应量下降 49.87%，为 17.49 万吨。

二、北京西瓜、甜瓜产业特征

1. 特色、高端品种支撑产业蓬勃发展

北京市西甜瓜创新团队选育出了"超越梦想、京美 2K、亦嘉、金衣、维蜜"等 10 多个不同类型的西瓜、甜瓜品种，在京郊种植面积达 90% 以上，完成了品种的换代升级。

2. "两减一节"支撑高质量发展

北京市西甜瓜创新团队通过示范推广"两减一节"技术，支撑了产业的绿色高质量发展。集成了以"膜下微喷及滴灌、减量施肥技术、单质肥施用技术"等关键单项技术为核心的西瓜"两减一节"技术规范。每年节水灌溉面积达到 $800hm^2$，亩灌溉用水减少 34%；亩化肥用量减至 80kg/ 亩左右，亩投入减少 20%，区域生产的全部产品达到无公害标准，品质提升明显。

3. 小型西瓜产业链条基本形成

北京市西甜瓜创新团队成功打造小型西瓜产业链条，构建了小型西瓜"两蔓一绳"吊蔓栽培、基质无土栽培和田间过程管理三项综合栽培技术，促进了产业的优质化和规范化生产。通过开展产品推介和区域品牌宣传，推动了小型西瓜产业的适度规模化生产和品牌化销售，实现了产业升级发展。

4. 品牌化销售、组织化生产崭露头角

农村合作社进一步发展壮大，农民参与组织化生产并实现品

牌化销售，占比达到50%，亩效益稳定增加。一些西瓜种植公司，利用北京品种和种植模式在海南、云南、河北、天津等省市进行生产，年供应北京市场达2万吨。

三、设施西瓜、甜瓜技术应用情况

1.集约化育苗技术应用效果突出

为了促进西瓜、甜瓜集约化育苗技术发展，大兴区政府每年投入1500万元左右，进行西瓜、甜瓜集约化育苗场的建设工作。同时以"种子处理、育苗方式、嫁接方式、基质配比、加温方式和病虫害防治"等单项技术为核心的西瓜、甜瓜集约化育苗技术逐渐推广，基本解决了北京地区西瓜、甜瓜种苗标准化生产程度低、商品苗率低和劳动力成本高等问题。2018年以来建设了年育苗能力在200万株以上的集约化育苗场22家，西瓜、甜瓜秧苗壮苗率及定植成活率达到98.5%以上。年均育苗数量从2020年以前的年均1240万株增加到2020～2022年期间的2000万株（图1-1），增长61.29%。2022年全市集约化育苗2700多万株，约占全市总育苗量的74.1%。

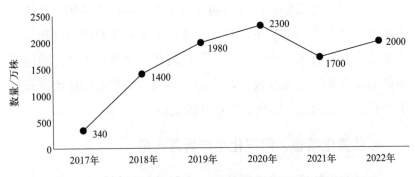

图1-1　不同时期北京市大兴区西瓜集约化育苗数量变化情况

2. 品种结构进一步优化升级

小型西瓜"超越梦想""京美2K"等挂果期长、耐裂的品种成为主导品种；中果型西瓜"京欣系列""华欣系列"逐渐淘汰，"京嘉""京美"系列品种成为主导；"京欣砧6号""京欣砧9号"等砧木品种扩大应用，形成了以小型西瓜为主，中型西瓜为辅，特色西瓜、甜瓜为补充的品种格局。尤其是"超越梦想""京美2K""L600""京彩1号"等优质小型西瓜，已完全替代了"早春红玉""红小帅"等老品种。在北京地区推广面积覆盖率由2019年的年均92.0%上升到2022年的98.0%（见图1-2），主产区大兴区的小型西瓜种植面积占比超过95%。

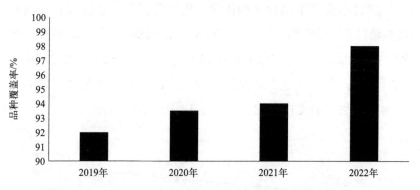

图1-2　2019～2022年北京地区小型西瓜优质品种覆盖率变化

3. 蜜蜂授粉技术应用面积广泛

以"授粉蜂数量、蜂群配置、授粉时间、栽培管理、放置位置和时间"等单项技术为核心的蜜蜂授粉技术的广泛应用，解决了人工授粉成本高和坐瓜率低等问题，同时提升了西瓜、甜瓜品质。使得授粉期提前10d，每亩节约人工成本500元，应用面积从2020年以前的年均1.99万亩增加到2020～2022年期间的 2.75 万亩，增长 38.19%（见图 1-3）。

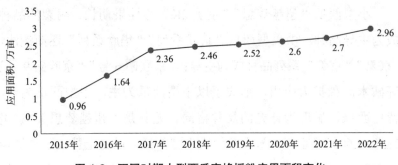

图 1-3　不同时期小型西瓜蜜蜂授粉应用面积变化

4. 小型西瓜已成为支柱产业

随着小型西瓜品种结构优化，集约化育苗、蜜蜂授粉和高密度栽培技术广泛应用。2022 年，小型西瓜平均单价水平较 2019 年增加 25%，面积占比由 2019 年的 44.53% 上升到 2022 年的 73.06%。同时随着产后分级包装和品牌建设工作的开展，小型西瓜成为北京西瓜、甜瓜的支柱产业（见图 1-4、图 1-5）。

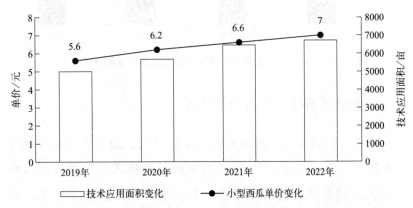

图 1-4　2019 ~ 2022 年小型西瓜高效配套栽培技术应用面积与单价变化

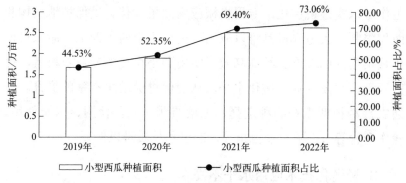

图 1-5 2019 ~ 2022 年小型西瓜种植面积与占比变化

5.绿色、集约化技术加速应用

2021 年西瓜种植户微喷和滴灌节水灌溉分别占比 41% 和 23.3%，亩用水量比常规大水漫灌减少 85m³；有机肥补贴和减量施肥技术普及，亩平均化肥用量 81.5kg，比常规减少 38.5kg；绿色防控技术和专业植保服务加大应用以及绿色农药补贴加大，化学农药使用量减少 33%。

四、产业问题

1.品种趋同性高，产品竞争力弱

主栽品种为红肉类型，如"京美 2K""L600"和"超越梦想"，均为椭圆、硬肉、大籽类型，种类较为单一，产品竞争性逐年下降，而缺少圆形、小籽少籽、高品质的补充品种。功能性、特色品种类型少，种植面积小，虽然市场需求大，但农户种植热情低。

2.标准化生产难度大

受目前技术瓶颈限制，嫁接、定植、授粉等高强度、重复性工作难以实现机械化，专用机械应用效果欠佳。受保护地结构和面积限制，大型农机具难以应用，进一步阻碍了西瓜、甜瓜机械化栽培模式的发展。亟需高效、实用和小型化的专业农机具，提升西瓜、甜瓜产业机械化水平，从而促进劳动生产率的提升。普通农户种植西瓜在品种选择、土壤监测、农药使用、水肥使用、轮作套种等方面缺少规范指导，产出和品质难以保证。

3. 轻简化技术应用水平不高

在西瓜、甜瓜种植过程中，轻简化技术应用少，青壮年劳动力流失越来越严重，导致了人工成本的上升。西瓜、甜瓜生产的自动化和智能化程度低，目前，西瓜种植主要靠人工、靠传统经验，在嫁接、定植、整枝打杈、采摘等环节缺少机械化作业手段。西瓜、甜瓜临时用工已从15元/时上涨到25元/时，用工成本偏高。

4. 组织化管理不健全，产品质量不稳定

北京地区西瓜、甜瓜仍以经验种植为主，在种植方法、栽培方式、水肥药施用等环节缺乏标准化，导致果实在甜度、口感和水分等品质方面良莠不齐。但本应从事组织化生产的合作社和园区等企业，一方面由于缺乏配套的产业技术体系，难以实现组织化管理和规模化生产；另一方面又因为农户难以保证产品品质，导致收购率低，进而制约了合作社品牌的发展。

5. 流通品牌较少，产销矛盾相对突出

虽然"大兴西瓜"已是地理标志产品，并且入选了中国农业品牌目录，但因为同质化严重，缺少区域性品牌化的建设，龙头企业、产销协会、合作社尚未与瓜农形成紧密的利益联结机制，

多是一种单纯的购销关系，导致目前产地品牌多、流通品牌少，小生产与大市场的矛盾依然突出。

6. 病虫危害加重，防控有待加强

主产区棚室复种指数高，轮茬已出现困难，枯萎病、菌核病和根腐病及根结线虫等土传病害发病较重；瓜类白粉病、蚜虫进入 5 月下旬后危害有加重趋势；由于北京地区防治蓟马长期使用吡虫啉、啶虫脒等烟碱类杀虫剂，蓟马已经对这类杀虫剂产生抗药性；棚室内蚜虫种群基数增长较快，异色瓢虫控害效果相对较差。

第二章

西瓜的生物学特性

第一节　西瓜的形态特征

一、根

西瓜属于葫芦科西瓜属一年生蔓生草本植物，根系由主根、多级侧根和不定根组成，是吸收水分和矿物质营养的器官。

西瓜主根入土深度达 1.4 ～ 1.7m，侧根水平伸展范围很广，可达 3m 左右，主、侧根主要分布在土壤表层 30cm 左右，其中一条主根上可长出 20 多条一级侧根。西瓜主根入土深度与土壤条件有关，如土壤质地、结构、透气状况、土壤水分等。西瓜根系起着支持和固定地上部、扩大入土范围和增加吸收面积的作用。侧根在吸收功能上起主要作用，它分布在耕作层内及其附近。不定根承担着吸收矿质元素和水分的任务。

/ 设施西瓜甜瓜均一栽培技术

二、茎

西瓜属于蔓生草本植物，茎匍匐于地面生长，被称为瓜蔓或瓜秧。茎中具有发达的维管束群，将根部吸收的水分和矿质元素输送到叶片和果实，供蒸腾作用、光合作用和果实膨大所用。

西瓜具有很强的分枝能力，由幼苗顶端伸出的蔓为主蔓，一般蔓长 3 ～ 4m，从主蔓每个叶腋均可伸出侧蔓，主蔓上第 2 ～ 4 节侧蔓较为健壮，发生早，结瓜能力强。生产上除留一条主蔓外，再留基部的 1 ～ 2 条侧蔓，其余均摘除。茎蔓上着生叶片的地方叫节，两片叶间的茎叫节间。5 ～ 6 片真叶后开始伸蔓，茎蔓节间长度为 8 ～ 10cm。节间长短是判断西瓜品种特性、正确进行苗情诊断、确定合理技术措施的重要依据。

三、叶

西瓜的叶有子叶和真叶。子叶有两片，贮存有丰富的营养物质。真叶由叶柄、叶片、叶脉 3 部分组成。呈羽状，单片，互生，无托叶，叶缘缺刻深，叶片表面有蜡质和茸毛。

叶片的颜色为绿色或浅绿色。子叶两片，较肥厚，呈椭圆形。子叶期后主蔓上长出 1 ～ 2 片真叶，叶片较小，近圆形，无裂刻或有浅裂；伸蔓后逐渐呈现固有叶形；生育后期叶片变小。成龄叶片一般长 18 ～ 25cm，宽 15 ～ 20cm。西瓜叶柄长而中空，通常长为 15 ～ 20cm，略小于叶片长度。生产上常以叶柄与叶片的相对长度判断植株是否徒长。

四、花

西瓜一般是雌雄同株异花授粉作物。雌花、雄花单生，但也有少数两性花。第二片真叶展开前已开始有花原基形成，3～5片叶后开始开花。先开雄花，后开雌花。一般早熟品种的第一雌花着生节位低，多在第5～7节；晚熟品种则多在10～13节。侧蔓第一雌花多着生于6～8节，每隔5～9节着生一朵雌花。

西瓜为半日花，即上午开花，下午闭花。晴天通常在早晨6～7时开始开花，上午10时左右花瓣开始褪色，11时左右闭花，15时左右完全闭花。因此，正常条件下，上午8～9时是人工授粉的最佳时期，10时以后授粉，坐果率显著降低。

五、果实

果实的大小主要取决于子房的大小和果实的发育。在雌花刚开放的4～5d，是果实能否坐住的关键时期；之后的15～20d，是果实体积增大的主要时期，增长量为整个瓜重的90%左右；果实成熟前10d，体积增加缓慢，主要是果实内部成分的变化。果实形状有圆球形、高圆形、短椭圆形和长椭圆形等。生长初期以纵向生长为主，中后期则以横向生长占优。

果肉是由胎座薄壁细胞发育而成的，到果实成熟时，胎座细胞的中胶层开始解离，细胞间隙增大，形成大量的巨型含汁液薄壁细胞。其中水分含量占90%～95%，葡萄糖、蔗糖、果糖等糖类成分占7%～12%。果肉的颜色有红色、橙色、黄色、红黄相间及白色等，是由瓜瓤中色素的类型和数量决定的。其中红肉品种含有茄红素和胡萝卜素；橙色、黄色、红黄相间品种含有胡萝卜素和叶黄素；白瓤品种果肉中含有黄酮类。

果皮厚薄除与品种有关，还和留瓜节位有关，留瓜节位低的皮厚、空心、纤维多。这与果实发育初期叶片数少、养分积累不足及低温引起植株长势较弱有关。因此，生产上一般选留第2～3个瓜。

六、种子

西瓜的种子是胚珠受精后发育而成的，为无胚乳种子。种子扁平，卵圆形，无胚乳，由种皮、胚和子叶组成。一般西瓜种子千粒重为 30 ～ 100g，通常 35g 以下为小粒种子，80g 以上为大粒种子。西瓜种子没有明显的休眠期，收获后即可播种。西瓜果实的形状、大小、皮色以及种子的大小和颜色因品种而异，是品种鉴别的重要依据。

第二节　西瓜的生育特性

西瓜从种子萌芽到形成新的种子经历营养生长和生殖生长的整个过程，一般需要 80 ～ 130d。按各生育阶段特点可分为发芽期、幼苗期、伸蔓期、结果期四个时期。每个时期有不同的生长中心，并有明显的临界特征。

一、发芽期

从播种至子叶充分展开，第 1 片真叶露心 "两瓣一心" 为发芽期。正常播种情况下，此时期 8 ～ 10d，分为发芽前期和发芽后期。发芽前期通常指发芽过程，以种子 "露白" 为界限；发芽后期是从种子 "露白" 到第 1 片真叶显露的时期。适宜温度为 28 ～ 30℃，发芽要求水分适量和充足的氧气，其中吸水量以种子重量的 60% ～ 70% 为宜，此时期应控制好温、湿度，保持土壤良好的通透性，促进种子迅速萌发，防止幼苗徒长，为培育壮苗打好基础。

二、幼苗期

从"两瓣一心"开始到长至 4 ～ 6 片真叶（团棵）所经历的时间为幼苗期。此时期一般需 30 ～ 35d。这个时期叶片生长和叶面积扩大较慢，而根系却迅速伸长，同时进行花芽分化。此阶段应保持适宜的温、湿度，加强通风和炼苗，以促进根系和地上部各器官的发育，培育壮苗。

三、伸蔓期

西瓜植株从"团棵"到留果节位的雌花开放的时期叫伸蔓期，需 18 ～ 20d，以后每隔 4 ～ 6d 开一朵雌花。伸蔓期节间迅速伸长，植株由直立状态变为匍匐状态，叶片生长和叶面积扩大极快，4 ～ 6d 即出现一片大叶，根系伸展速度变慢。这一时期分为伸蔓前期和伸蔓后期。前期以促进蔓、叶充分生长为主，后期应以控为主，采用整枝、打杈、控制肥水等措施，防止疯秧和化瓜。

四、结果期

从坐果节位的雌花开放到果实成熟时的这段时间为结果期，需 30 ～ 40d。可分为前期、中期和后期三个时期。结果期以生殖生长为主，果实是生长中心，此时期根已基本停止生长，随着果实的膨大，茎叶的长势也逐渐减缓。

1. 结果前期

从留果节位的雌花开放到果实褪毛为止为结果前期，又称坐果期，需 4 ～ 6d。此时，蔓、叶继续旺盛生长，而幼果生长缓慢，是决定坐果的关键时期，是植株由营养生长为主向生殖生长为主的转折时期。此阶段栽培上应以控为主，及时整枝、打杈，适当节制肥水，控制蔓、叶生长。同时采用蜜蜂授粉或人工辅助授粉，促进坐果。

2. 结果中期

从果实褪毛开始到果实定个时止为结果中期，又称为果实膨瓜期，需 18 ～ 25d。此期蔓、叶生长缓慢，果实膨大迅速，体积增长最快，是决定果实大小、产量高低的关键时期。也是西瓜需要肥水最多的时期。此阶段栽培上应加强肥水管理，以扩大和维持叶面积，提高光合作用能力，保证足够的肥水供应，促进果实膨大。另外应适时留果、摘心，使养分在茎叶及果实中合理分配。

3. 结果后期

从定果到果实充分成熟时止为结果后期，又称为成熟期，需 7 ～ 10d。此期果实基本已定型，果实内部物质发生变化，糖分转化，特别是蔗糖含量迅速增加。瓤色逐渐变深，果皮变硬。这一时期是果实迅速发生质变的重要时期。栽培上应停止浇水，避免叶片损伤和植株早衰。

第三节　西瓜对环境条件的要求

一、温度

西瓜在整个生长发育过程中要求较高的温度，不耐低温。

西瓜生长所需最低温度为 10℃，最高温度为 40℃，最适温度为 28～32℃。但不同生育期对温度要求不同，种子发芽期适温为 28～30℃，幼苗期适温为 22～25℃，伸蔓期最适温为 25～28℃，结果期为 25～32℃较适宜。从雌花开放到果实成熟积温为 800～1000℃，整个生育期需积温 2500～3000℃。我国华北、西北地区许多产瓜区 6～7 月份气温较高，日照充足，雨量少，因而西瓜产量高。

二、光照

西瓜属喜光作物，生长期间需充足的日照时长和较强的光照强度，每天应有 10～12h 的日照，光饱和点可达 100000lx 以上，应保证全生育期光照充足。

三、水分

西瓜叶蔓茂盛，果实大且含水量高，因此耗水量大。不同生育期对植株水分要求不同。发芽期应要求土壤湿润，以利于种子吸水膨胀，顺利发芽；幼苗期保持土壤干旱，促进根系扩展，减少发病；伸蔓前期适当增加土壤水分，促进发棵，保证叶蔓健壮；授粉前后适当控制水分，防止植株徒长和化瓜；结果期需水最多，特别是结果前、中期果实迅速膨大，应及时供应充足的水分，促进果实迅速增长。果实定个后，应及时停水，以利于糖分积累。空气相对湿度以 50%～60% 最为适宜，较低的空气湿度有利于果实成熟，并可提高含糖量。

四、土壤

西瓜对土壤要求不严，比较耐旱、耐瘠薄。但因根系好氧，最适宜排水良好、土层深厚的壤土或沙壤土。西瓜对土壤酸碱度适应性较广，但对盐碱较为敏感，土壤含盐量高 0.2% 即不能正常生长。

五、矿质元素

西瓜生长期短，生长快，单位面积产量高，需肥量大。在整个生育期内对氮、磷、钾的吸收量比例约为 3.28：1：4.33。但不同生育期对三者需要量和吸收比例不同。发芽期、幼苗期吸肥量较少；伸蔓期吸肥量增加，约占总吸肥量的 14.67%。这三个时期以营养生长为主，吸收氮肥比例较大。结果期需肥最多，占总吸肥量的 85%，其中 77.5% 是果实膨大时吸收的。

六、气体

西瓜光合作用二氧化碳的饱和点在 0.1% 以上，空气中二氧化碳浓度远不能满足光合作用的需求。因此在大棚、温室等设施内进行二氧化碳施肥，是提高西瓜产量的重要措施。

第三章

甜瓜的生物学特性

第一节　甜瓜的形态特征

一、根

　　甜瓜属于直根系植物，根系发达，生长旺盛。甜瓜的主根可深入土层 1.5m 左右。甜瓜的侧根横展半径可达 2～3m。但根系的木栓化较早，主要分布在 10～30cm 的表层土壤中。厚皮甜瓜根系的分布较薄皮甜瓜深。甜瓜根系随地上部生长而迅速伸展，根上部伸蔓时，根系生长加快，侧根数迅速增加，坐果前根系生长分化及伸长达到高峰，坐果后，根系生长基本处于停顿状态。因此，应在瓜秧生长前期、中期促进根系生长，以达到最适状态。

二、蔓

　　甜瓜茎为一年生蔓性草本，中空，有条纹或棱角，具刺毛。

甜瓜茎的分枝性很强，每个叶腋都可发生新的分枝，主蔓上可发生一级侧枝（子蔓），一级侧枝上可发生二级侧枝（孙蔓），以至三级、四级侧枝等。只要条件允许，甜瓜可无限生长，在一个生长周期中，甜瓜的蔓可长到 2.5～3m。甜瓜茎蔓生长迅速，旺盛生长期长。一昼夜可伸长 6～15cm，白天生长量大于夜间，夜间生长量仅为白天的 60% 左右。

甜瓜主蔓上发生子蔓，第一子蔓多不如第二、第三子蔓健壮，栽培管理时常不选留，一般甜瓜子蔓的生长速度会超过主蔓。生产上苗期摘心可以促进侧枝的发生，选留两条或三条侧蔓作为结果枝；中后期摘心可以控制植株的生长。

三、叶

甜瓜的叶为单叶、互生、无托叶。厚皮甜瓜叶大，叶柄长，裂刻明显，叶色浅，叶片较平展，皱折少，刺毛多且硬；薄皮甜瓜叶小，叶柄较短，叶色较深，叶面皱折多，刺毛较软。同一品种不同生态条件下，叶片的形状也有差异，水肥充足，生长旺盛，叶片的缺刻较浅；水分过多时，叶片下垂叶形变长。水肥过量，光照不足，叶片大而薄，光合作用能力偏弱，对生长发育不利。叶柄通常长 8～15cm，坐果生产上通过调控水、肥、温湿度等环境及整枝方式控制徒长。

四、花

甜瓜花有雄花、雌花和两性花 3 种。主要为雄全同株型（雄花、两性花同株）、雌雄异花同株型，其雄花、两性花的比例均为 1：（4～10）。绝大多数厚皮、薄皮栽培品种均是雌全同株型。

五、果实

果实为瓠果，侧膜胎座，3～5个心室，由受精后的子房发育而成，可分为果皮和种腔两部分。果皮由外果皮和中、内果皮构成。外果皮有不同程度的木栓化，随着果实的生长和膨大，木栓化多的表皮细胞会撕裂形成网纹。中、内果皮无明显界限，主要由富含水分和可溶性糖的大型薄壁细胞组成，是甜瓜的主要食用部分。种腔的形状有圆形、三角形、星形等。果实的大小、含糖量、形状、颜色、质地、风味等因品种而异。

甜瓜品质好坏主要取决于果实糖分含量的多少，成熟的甜瓜果实主要含有还原糖（葡萄糖、果糖）和非还原糖（蔗糖），其中蔗糖占全糖的50%～60%，通常厚皮甜瓜的糖含量一般在12%～16%，最高可达20%以上；薄皮甜瓜可溶性固形物的含量一般在8%～12%。

六、种子

甜瓜种子由胚珠发育而成，由种皮、子叶和胚3部分组成。子叶占种子的大部分空间，富含脂类和蛋白质，为种子萌发贮藏丰富的养分。甜瓜种子形状有披针形、长扁圆形、椭圆形、芝麻粒形等多种形态。种子的寿命一般为5～6年。

第二节　甜瓜的生育特性

甜瓜的全生育期是指从出苗到头茬瓜成熟采收所需的天数，品种不同，生育期长短也不同。早熟品种的全生育期仅 65 ～ 85d；而晚熟品种生育期可达 150d。按甜瓜各生育阶段特点不同可划分为发芽期、幼苗期、伸蔓期、结果期四个时期。每个时期有不同的生长中心，并有明显的临界特征。

一、发芽期

指从种子萌芽到子叶展开这个时期。一般从播种至第一真叶露心，需 10 ～ 15d。厚皮甜瓜种子发芽的适宜温度为 28 ～ 32℃；薄皮甜瓜的适宜温度为 25 ～ 30℃。甜瓜种子生长需要吸收种子绝对干重 41% ～ 45% 的水分。

二、幼苗期

从第一片真叶露心到第五真叶出现第一朵雌花开放为幼苗期，需 20 ～ 25d。此时地下部、地上部都生长旺盛，各器官逐步发育成熟，以营养器官的生长占优势。茎叶生长适宜的温度是白天 25 ～ 30℃，夜间 16 ～ 18℃。这个时期，主根长度已达 40cm 左右，侧根已大量发生，并分布在土壤表层 20 ～ 30cm 深的土层中。

三、伸蔓期

从第五片真叶出现到第一雄花开放为伸蔓期，需 20 ～ 25d，生长量逐渐增加，以营养生长为主。这一时期，根系迅速扩展、吸收量不断增加，侧蔓不断发生，迅速伸长。适宜的温度为白天 25 ～ 30℃，夜间 16 ～ 18℃。这一时期，栽培上应注意促控结合，授粉前保持茎蔓粗壮，为结果打好基础。由于植株生长迅速，需要充足的养分供给，可适当追肥，促进植株生长发育。

四、结果期

第一雌花开放到果实成熟为结果期。不同品种之间结果期时间有显著差异。早熟薄皮甜瓜品种结果期仅为20多天，晚熟厚皮甜瓜品种如网纹甜瓜结果期可长达70d以上。此期营养生长变弱，生殖生长变强，这一时期以果实生长为中心，根据果实形态变化及生长特点的不同，结果期又分前期、中期和后期3个时期。

1. 结果前期

雌花开放到果实迅速膨大，需7～10d，是植株营养生长为主向生殖生长为主的过渡时期。此时期应及时进行植株调整、防止徒长，促使养分向果实运输，促进幼果生长是这一时期的主要工作。

2. 结果中期

果实开始迅速膨大到停止生长为结果中期，又称为膨大期。早熟小果品种需13～15d，中熟品种15～25d，晚熟大果型品种20～25d。这一时期是决定果实产量的关键时期。

3. 结果后期

从果实停止膨大到成熟为结果后期，又称为成熟期。此时期果肉内糖分及营养物质开始转化，果皮有色泽，果肉有甜味、香味。早熟品种15～20d，中晚熟品种20d以上甚至更长，这一时期是决定品质好坏的关键时期。

第三节　甜瓜对环境条件的要求

一、温度

甜瓜属于喜温耐热的作物，不同生育期对温度要求不同。发芽期最适温度为 28 ～ 33℃，最低温度为 15℃；根系最适温度为 22 ～ 30℃；茎叶最适温度为 25 ～ 30℃；开花最低温度为 18℃，适温为 20 ～ 25℃；果实发育期适温为 30 ～ 33℃。

二、光照

甜瓜属于短日照作物，对光照强度要求高，好强光而不耐阴。日照时长要求达到 10 ～ 12h，光饱和点为 55000 ～ 60000lx。我国西北、华北春夏日照率达 60% ～ 80%，夏季光照强度可达 100000lx 以上，因此此产区的甜瓜高产优质。

三、湿度

1. 空气湿度

甜瓜生长发育适宜的空气相对湿度为 50% ～ 60%。不同生育阶段，甜瓜植株对空气湿度适应性不同。开花坐果之前，对较高和较低的空气湿度适应能力较强，开花坐果期适应能力差。

2. 土壤湿度

开花坐果前保持适中的土壤湿度，既能保证营养生长所必需的水分，又不致因水分过多造成茎叶徒长，此阶段要求土壤最大持水量为 60% ～ 70%。结果前期、中期，果实细胞急剧膨大，为促进果实迅速、充分膨大，必须使土壤中有充足的水分，否则将影响产量，此阶段要求土壤最大持水量为 80% ～ 85%；果实体积停止膨大后，主要是营养物质的积累和内部物质的转化，水分过多会降低果实品质，并易造成裂果，此阶段要求控制土壤水分、保持土壤最大持水量 55% 左右。

四、土壤

甜瓜喜欢土层肥沃深厚、通透性好的沙质壤土；适宜土壤 pH 值为 6.0 ～ 6.8。适宜的土壤为土层深厚、有机质丰富、肥沃而通气性良好的壤土或沙质壤土，以土壤固相、气相、液相各占 1/3 的土壤为宜。

第四章

设施西瓜、甜瓜生产基础条件

第一节 塑料大中拱棚的种类

设施栽培能创造小气候环境，抗御自然灾害能力比露地生产的强，可进行春提前、秋延后及越冬的生产，是有效提高单位面积产能、延长农产品供应期的栽培模式。按结构可分为加温型日光温室、不加温日光温室、大中拱棚等，北京地区西瓜、甜瓜生产主要以塑料棚为主。

通常把不用砖石结构，只以竹、木、水泥或钢材等作骨架，在表面覆盖塑料薄膜的大型保护地栽培设施称为塑料薄膜棚（简称塑料棚）。生产中常用的塑料棚有塑料大棚、塑料中棚和小拱棚。塑料大棚跨度 8～15m，棚高 2～3m，面积 334～667m²；塑料中棚跨度 4～6m，棚高 1.5～1.8m，面积为 66.7～133m²。塑料大棚和塑料中棚，按棚顶形式又可分为拱圆形棚和屋脊形棚两种，因拱圆形棚对建造材料要求较低，具有较强的抗风和承载能力，故在生产中被广泛应用。和日光温室相比，塑料棚具有结构简单、建造和拆装方便、一次性投资较少等优点，适用于广大农村大面积进行生产。

目前常用的塑料棚的类型主要有以下几种：

一、竹木结构和全竹结构

竹木结构和全竹结构大中拱棚的跨度为 5～12m，长度 20～60m，棚高 1.5～2.5m；以 3～6cm 粗的竹竿为拱杆，顶端形成拱形，向地下深埋 30～50cm，间距 1m 左右。分别在拱棚肩部和脊部设有 3～5 根竹竿或木棍纵拉杆，按拱棚跨度方向每 2～3m 设 1～3 根 6～8cm 粗的立柱，拱杆、纵拉杆和立柱采用铁丝等材料捆扎形成整体。其优点是取材方便，建造简单，造价较低；缺点是棚内立柱多，作业不方便，抗风雪能力差。

二、无柱全钢结构

无柱全钢主要参数和棚形同竹木结构，用作拱架的材料为钢管，拱杆用 1～3 道钢管连接成整体。与竹水结构相比，此种类型的大中拱棚无支柱，透光性好，作业方便，抗风载雪能力强，但一次性投资大。

1. 拱架

拱架是塑料大中拱棚承受风、雪荷载和承重的主要构件，按构造不同，拱架主要有单杆式和附衬式两种形式。一般竹木结构和跨度较小钢管结构的塑料拱棚的拱架为单杆式，称为拱杆。跨度较大的无柱全钢一般制成带有钢筋拉花作附衬焊接的附衬式拱架。竹木结构和全竹结构塑料大中拱棚的拱杆大多采用宽4～6cm的竹片或小竹竿，在安装时现场弯曲成形，棚面在不影响排雨的情况下，以比较小的角度为宜。钢管拱架和附衬式拱架的钢管需使用6分（1分≈0.33cm）以上的钢管，附衬使用8寸（1寸≈3.33cm）钢筋拉花焊接以提高强度，分别用20#和8寸钢筋焊接成长50cm左右的钢叉，用于钢架与地面的固定，利于安装和提高稳定性。

2. 纵拉杆

纵拉杆是保证拱架纵向稳定、使各拱架连接成为整体的构件，竹木结构塑料大中拱棚的纵拉杆主要采用竹竿或木杆，钢管结构如大中拱棚则采用钢管连接制造。竹水结构和全竹结构塑料大中拱棚的纵拉杆主要采用直径4～7cm的竹竿或木杆，钢结构的则采用与拱架同直径的钢管。

3. 立柱

竹木结构塑料大中拱棚大多设置立柱，以提高塑料大中拱棚整体的承载能力。材料主要有杂木和钢筋混凝土桩。竹木结构塑料大中拱棚的立柱材料主要采用直径5～8cm的杂木或断面8cm×8cm、10cm×10cm的钢筋混凝土桩，要求立柱与拱架捆扎或固定结实，不受田间操作尤其是灌水后土壤下陷的影响。

第二节　塑料大中拱棚的建筑规划及施工

塑料大中拱棚的施工建设要综合考虑自然条件和生产条件，

做到合理选址、科学规划、规范施工。

一、棚址选择

塑料大中拱棚建设的地址宜选在土地平整、水源充足、背风向阳、无污染的地点。

1. 光照条件

光照是塑料大中拱棚的主要能源，它直接影响着大棚内的温度变化，影响着作物的光合作用。为保障塑料大中拱棚有足够的自然光照条件，棚址必须选择在四周没有高大建筑物及树木遮阴的地方。

2. 通风条件

选择在既要通风良好又要尽量避免风害的地点，即避开风口，通风良好，有利于作物生长的地点。

3. 土壤条件

选择土层深厚、有机质含量高、灌排水良好的黏壤土、壤土或沙壤土地块。

4. 水源条件

拱棚生产必须有水源保证，要选择在距水源较近、排灌方便的地区。

5. 交通条件

选择便于日常管理，便于生产资料和产品的运输，距离村庄较近的地点。

二、总体规划

塑料大中拱棚的建设应做到科学规划、因地制宜、就地取材、节约成本，尽量达到规范化生产、规模化经营的目的。

1. 规模

为了便于管理，在尽量提高土地利用率的前提下，要求棚群排列整齐，棚体的规格统一，位置集中。可采取棚群对称式排列，大棚东西间距不少于 2m，棚头之间留 4m 的作业道，为日常生产和管理创造方便条件。棚体长度以 40～60m 为宜，最长不超过 100m，跨度 5～12m，在相同条件下，宽与长的比值越小，抗风能力强，宽与长的比值一般为 1：5。棚体高度以能满足作物生长的需求和便于操作管理为原则，尽可能低以减少风害，棚体以中高 1.8～2.4m，中边高 1.6～2.0m，边高 1.3～1.5m 为宜。

2. 方向

棚体的方向决定了棚内的光照和温度，春、秋季节，南北向塑料大中拱棚抗风能力强，日照均匀，棚内两侧温差小，因此，规划时棚体以南北走向为主，也可根据地形特点，因地制宜，合理利用土地面积。

3. 棚架与基础

棚架的结构设计应力求简单，尽量使用轻便、坚固的材料，以减轻棚体的重量。施工时，立柱、拱杆、压杆要埋深、埋牢、捆紧，使大中拱棚成为一体。

三、建造

1. 搭建拱架

按照总体规划，在选好的建棚地块内放线，即按照规划拱棚跨度和长度画两条对称的延长线作为拱棚的边线。竹木结构或全竹结构的大中拱棚在边线上对称地用钢钎打孔，孔深 40cm 以上，把竹竿大头蘸涂沥青栽入，按照棚体跨度定棚中线，按高度拉线控制中高，把细头的竹竿拉到一起进行对接，用铁丝、布带等捆绑扎紧形成拱形。钢架结构的大中拱棚只需将拱架两端或做好的辅助钢叉钉入土中架设即可。

2. 架设纵拉杆

全竹结构或竹木结构的大、中拱棚，用竹竿或木杆作纵拉杆35 道，固定拉杆时，先将竹竿用火烤一烤，去掉毛刺，从大棚一头开始，南北向排好，竹竿大头朝一个方向固定，要求全部拉杆要与地面平行。钢架结构的固定钢架后，可用同直径的钢管或使用钢筋焊接，跨度较小的拱棚可用细钢丝作横拉杆，也可使用4 ～ 7cm 的竹竿或木杆捆扎连接。

3. 栽设立柱

竹木结构或全竹结构的大中拱棚为保证棚体稳固，可每隔 3m 顶一根中柱，中柱顶端向下量 10cm 钻孔便于与纵拉杆固定，中柱沿中心线栽埋，埋深 30cm 以上，先在其下端垫砖或基石，后埋立柱，并踏实，要求各排立柱顶部高度一致，在一条直线上，中柱顶端与纵拉杆接触部分用细铁丝或其他材料固定结实，肩部的立柱也垂直栽埋。

4. 铺设地锚

为防止大风揭棚，一定要铺设地锚，不能隔一段距离使用斜向钉入的木桩代替。在棚体四周挖一条 20cm 宽的小沟，用于压埋薄膜四边，在埋薄膜沟的外侧埋设地锚，地锚用钢丝铺设在棚两侧，使用埋深 70 ～ 80cm 的锚石固定。

5. 扣膜

棚上扣塑料薄膜应在晴天无风的天气进行，早春应尽早扣膜以提高地温，根据通风方式的不同，有两种扣膜方式：一种是扣整幅薄膜，通过拱棚底脚放风；另一种是宽窄膜式扣膜，即将薄膜分成宽窄两幅，每幅膜的边缘穿上绳子，上膜时顺风向压30cm，宽幅膜在上，窄幅膜在下，两边拉紧。栅膜上好后要铺展拉紧，四周用土压紧膜边，然后用压膜线拉紧。

第三节　设施内的环境调控

一、光照

塑料大中拱棚光照状况除受季节、天气状况影响外，还与拱棚的方位、结构、建筑材料、覆盖方式、薄膜种类及老化程度等因素有关。南北向延长的拱棚受光优于东西向延长的拱棚，钢架无柱拱棚受光优于竹木结构拱棚。一般棚内水平光照度比较均匀，但垂直光照强度逐步减弱，近地面处最弱。新膜覆盖使用15 ～ 40d 后，其透光率降低 6% ～ 12%。生产中尽量减少棚内不透明物体的存在，棚架、压膜线不需要过分粗大，尽可能采用长寿无滴膜，且经常清扫棚面，这样不仅可减少棚内遮光，而且可改善高秆作物的受光角度。同时设置合理的株行距，合理密植；高秧与矮秧、迟生与速生、喜强光与喜弱光等不同作物间作套种；合理地调整植株，如采用整枝、打杈、插架吊蔓、掐尖等管理措施来调控光照。

二、温度

1. 地温

地温对作物的根系生长有着直接的影响，一天中塑料大中拱棚内最高地温比最高气温出现晚 2h，最低地温也比最低气温出现晚 2h，因土壤有辐射和传导作用，故棚内地温还受其他因素的影响，如棚的大小、中耕、灌水、通风、地膜覆盖等。

2. 温度调控

利用塑料大中拱棚覆盖栽培作物的时期主要在春提前和秋延后，成败的主要条件是温度。棚内的温度调控主要是通过保温加温、通风换气等措施来实现的，加温与保温是开源与节流的关系，二者相辅相成。

（1）主要的保温措施 "围裙"保温，可提高夜温 $10 \sim 20$℃；采用二层膜、棚内套小拱棚、平铺式二层膜等多层覆盖保温措施；防寒沟保温，挖在大中拱棚内侧，深 40cm，宽 30cm。

（2）主要的加温措施 有熏烟加温、明火加温、简易火炉加温、热风炉、暖气、地炉等加温措施。塑料大中拱棚的主要热源是太阳辐射。

三、湿度

塑料大棚气密性强，棚内空气相对湿度可达 80% ～ 90% 以上，密闭不通风时可达 100%。棚内适宜空气相对湿度应为：白天 50% ～ 60%，夜间 80% ～ 90%。

四、气体

塑料大中拱棚的气体调控主要是通风换气和施用二氧化碳，目的是降温排湿，排放有害气体，补充新鲜空气和二氧化碳，以利于作物的生长和发育。

第五章

设施西瓜、甜瓜优新品种

第一节　砧木品种

1. 京欣砧 2 号

嫁接亲和力好，共生亲和力强，成活率高。种子纯白色，千粒重 150 ～ 160g。嫁接苗在低温弱光下生长强健，根系发达，吸肥力强，嫁接瓜果实大，有促进生长、提高产量的效果。高抗枯萎病，叶部病害轻。后期耐高温抗早衰，生理性急性凋萎病发生少。对果实品质影响小。适宜早春和夏秋栽培。适用于西瓜、甜瓜嫁接。

2. 京欣砧 4 号

西瓜砧木一代杂种。嫁接亲和力好，共生亲和力强，成活率高。种子小。发芽势好，出苗壮。与其他一般砧木品种相比，下胚轴较短粗且呈深绿色，子叶绿且抗病，实秆不易空心，不易徒长，便于嫁接，有促进生长、提高产量的效果。高抗枯萎病，对果实品质影响小，对西瓜瓤有增红功效。适宜早春西瓜嫁接栽培。

3. 京欣砧8号

西瓜、甜瓜共用砧木。种皮白色，千粒重110g左右，子叶中等大小，下胚轴短粗、深绿，适合工厂化穴盘嫁接；砧木根系发达，砧穗嫁接亲和力好、成活率高、共生性强，可有效提高瓜类生长势和坐瓜率。能够提高西瓜抗逆性，减轻枯萎病等病害的发生，对果实品质影响小。适宜西瓜、甜瓜早春及夏秋嫁接栽培使用。

4. 京欣砧优

瓠瓜与葫芦杂交的西瓜砧木一代杂种。嫁接亲和力好，共生性强，成活率高。嫁接苗植株生长稳健，根系发达，吸肥力强。种子小，发芽快，发芽势好，出苗壮，下胚轴较短粗且硬，不易徒长，便于嫁接。抗枯萎病能力强，后期耐高温抗早衰，生理性急性凋萎病发生少。有提高产量的效果，对果实品质无不良的影响。适宜早春栽培，也适宜夏秋高温时期栽培。

5. 勇砧

野生西瓜一代杂交的西瓜砧木品种。该品种嫁接亲和力好，共生亲和力强，成活率高。该品种种子为暗红色，千粒重80g左右。发芽容易，发芽整齐，发芽势好，出苗壮。高抗枯萎病，同时兼抗线虫病。后期耐高温抗早衰，生理性急性凋萎病发生少。对西瓜果实的品质无不良影响。

6. 西嫁强生

南瓜杂交种，生长势强，根系发达；嫁接亲和力好，共生性强；耐低温性突出，嫁接苗在低温下生长快，坐果早而稳；与"新土佐"相比，能够显著提高西瓜产量，产量提高20%以上；高抗枯萎病，抗西瓜急性凋萎病，耐逆性强，不易早衰，对西瓜品质、风味影响小。

7. 青研砧一号

抗西瓜枯萎病效果达100%，与西瓜品种亲和力好，嫁接简单，成活率高，对西瓜品质影响极小，具有促进西瓜生长、提高西瓜产量的效果。耐低温，适宜作为西瓜早熟栽培的砧木，也适宜作为黄瓜抗病的砧木。

8. 勇士

抗枯萎病；生长强健，低温下生长性良好，嫁接亲和力好；坐瓜稳定，果实品质与风味和自根西瓜完全相同。但嫁接苗定植后初期生长发育较缓慢，进入开花坐瓜期生长发育旺盛。

9. 新土佐

印度南瓜和中国南瓜的杂交一代种。作西瓜嫁接砧木，嫁接亲和性和共生亲和性好；幼苗低温下伸长性强，生长势强，抗枯萎病；能促进早熟，提高产量，对果实品质无明显不良影响，但与四倍体和三倍体表现不亲和。

10. 超丰

该品种为西瓜嫁接砧木的葫芦杂交种，其下胚轴不易徒长，短而粗，与西瓜共生亲和力强，嫁接成活率高达97%以上。嫁接幼苗在低温下生长快，根系发达，坐果早而稳。嫁接苗抗枯萎病、抗叶部病害能力增强，并具有耐重茬、耐低温、耐高温、耐湿、耐旱、耐瘠薄、耐移栽的特点。砧木对果实品质无不良影响。

第二节　西瓜品种

一、中型西瓜品种

1. 京欣 3 号

早熟，果实发育期 28d 左右，全生育期 88d 左右。植株生长势中上，抗病性好。圆瓜，亮绿底覆盖规则墨绿色窄条纹，外形美观。单瓜重 5～7kg，红瓤，中心可溶性固形物含量 12% 以上。肉质酥嫩，口感好，风味佳。适于保护地早熟嫁接栽培，宜近距离运输。

2. 华欣

最新育成中早熟、丰产、优质、耐裂新品种。全生育期 90d 左右，果实成熟期 30d 左右。生长势中等。果实圆形，绿底条纹，有蜡粉。瓜瓤大红色，口感好、甜度高，果实中心可溶性固形物含量为 12% 以上。皮薄、耐裂，不起棱，不易空心，商品率高。单瓜重 8～10kg 左右，最重可达 14kg。适合保护地和露地栽培。

3. 华欣 2 号

坐果果实正圆形，果皮深绿底色，细直条带，清晰漂亮，瓜面细滑光亮，覆薄蜡粉，美观诱人，皮瓤分明，瓤色大红，小黑籽，转红快，肉质酥嫩，脆甜爽口，汁多味美，口感极佳。单果重 6～12kg，授粉后 27d 左右成熟。低温弱光条件下，抗逆性强，比其他华欣类西瓜糖度高、品质好、口感酥嫩，瓜码稍密，易坐果。

4. 京美10K

为"甜王"类型，中熟，大果型，有产量，抗病不早衰，小肚脐不走形，商品率高，耐储运，瓤色大红，口感脆甜。

5. 北农天骄

中熟，单瓜重8～10kg，大者可达12kg以上。植株长势稳健，低温坐果性好，膨瓜快，抗病性好，适应性强。皮色鲜绿，条带秀美，开花后30d左右成熟。含糖量在12%～13%，果肉红色，肉质脆爽，品质好，皮薄且韧，不裂瓜，极耐贮运，适宜北京地区早春大棚栽培。

6. 北农天骄2号

优质、高产西瓜良种。中早熟，平均单瓜重8kg。适应性强，皮色鲜绿，条带秀美，开花后28d左右成熟。含糖量12%以上，果肉红色，肉质细脆，品质好，适宜北京地区早春大棚栽培。

7. 北农世嘉

单瓜重7～9kg，亩产量4500kg左右，植株长势稳健，抗病性强，适应性广。外形美观，果表蜡粉浓厚。底色绿，条带整齐，开花后约30d成熟，含糖量12%～13%。果肉红色，甘甜脆爽，不倒瓤，不裂瓜，极耐贮运。

8. 北农福田

大果、早熟、优质京欣类型西瓜品种。单果重8～10kg。全生育期85～90d，果实成熟期30d。坐果齐，低温条件下坐果良好。

果实近圆形，果皮鲜绿色，果表覆墨绿色均匀中宽条带，有浓果霜。脆爽多汁，中心含糖量可达 13%。

9. 早熟佳园

生长势平稳，雌花开放至果实成熟 25d 左右，果实圆整，底色绿，条带较细且规则，外观美、瓤色红，肉质细腻爽口，易坐果，低温下膨果速度快，平均单瓜质量 9kg 左右，中心可溶性固形物含量 13.6%，该品种品质高不易裂果。

10. 京嘉

早熟、优质杂交一代西瓜品种。全生育期 90d 左右，雌花开放至果实成熟 30d 左右，植株长势中等偏旺，较耐低温、弱光，抗病性强。果实圆形，果皮浅绿，条带黑而整齐，有蜡粉，商品率高。单果重 7 ～ 10kg。皮薄，瓤色红，品质优，含糖量高，口感脆嫩，是高品质的优良西瓜品种。

11. 早佳 8424

全生育期 85 ～ 90d，适温下果实发育 26 ～ 28d 可采收；果实圆形，绿果皮上覆绿花条带，瓜型美观，瓤色粉红；平均单瓜重 5 ～ 8kg，果皮厚 1.1cm 左右；连续坐瓜能力较强，长势中庸、容易管理，根系发达。

12. 美都

常温下开花至果实成熟约 40d，一般单瓜重 5kg 以上。果实圆球至高球形。果皮绿色，覆有墨绿条纹。如果实膨大期遇低温，果皮底色和条纹会加深。果肉桃红色，甜而多汁，中心可溶性固形物 11% ～ 12%，边缘可溶性固形物 8% ～ 9%。果皮略硬，较耐储运。

13. 京嘉 301

北京市农林科学院蔬菜研究中心选育。全生育期 90d 左右，雌花开放至果实成熟 30d 左右，植株长势中等偏旺，较耐低温、弱光，抗病性强。果实圆形，果皮浅绿，条带黑而整齐，有蜡粉，商品率高。单瓜一般重 7kg 左右，最重可达 10kg 以上。皮薄，瓤色红，品质优，含糖量高，口感脆嫩。

二、小型西瓜品种

1. 红小帅

当前北京早春日光温室主要品种。极早熟，易坐果，绿皮红肉，品质好、质地脆，纤维少，口感较好，籽少，果皮厚 0.47cm，较脆，耐运性中等，外形美观，产量稳定。2003 年、2004 年北京春季区域试验中，产量较红小玉高 8.1%、中心含糖量高 1.07%。

2. 早春红玉

极早熟，低温弱光下坐果性好，连续坐果能力强。果实椭圆形，果形指数 1.31，果皮绿色覆窄齿条，外观亮丽，单瓜重 1.5kg 以上，果皮厚度 0.5cm，商品性好。果肉鲜红，中心含糖量 11.6%，中边糖差小，多汁，纤维少，食味极佳。

3. 红小帅 6 号

极早熟，低温下易坐果。果实椭圆形，果形指数 1.30，果皮绿色覆窄齿条，外观亮丽，单瓜重 1.65kg 以上，果皮厚度 0.55cm，商品性好。果肉鲜红，中心含糖量 11.4%，纤维少，食味极佳。

4. 超越梦想

小型西瓜高档品种。早熟，极易坐果，连续坐果能力强，果皮韧性好。开花后约 28d 成熟。果实椭圆形，果形指数 1.29，果皮绿色覆窄齿条，外观亮丽，单瓜重 1.59kg，果皮厚度 0.54cm，商品性好。果肉鲜红，中心含糖量 11.7%，中边糖差小，多汁，纤维少，食味极佳。

5. 京秀

"早春红玉"类型。早熟，果实发育期 26 ～ 28d，全生育期 85 ～ 90d。生长势强，果实椭圆形，绿底色，锯齿形显窄条带，果实周整美观。单果重 1.5 ～ 2.0kg，每亩产量 2500 ～ 3000kg。果实剖面均一，无空心、白筋；果肉红色，肉质脆嫩，口感好，风味佳，少籽；中心可溶性固形物含量 13% 以上，糖度梯度小。

6. 京美 2K

早熟，果实发育期 26d，全生育期 85d 左右。植株生长势强，果实椭圆形，底色绿，锯齿条，果实周正美观。平均单果重 2.0kg 左右，一般亩产 2500 ～ 3000kg。果肉红色，肉质脆嫩，口感好，糖度高，中心可溶性固形物含量高的可达 15% 以上，糖度梯度小。

7. 秀丽

极早熟，果实发育期 24 ～ 36d，全生育期 80 ～ 85d。植株生长健壮，低温弱光，早春大棚栽培条件下易坐果。果实椭圆形，外皮鲜绿色，其上覆有锯齿形窄条带 15 ～ 16 条。瓜瓤深红色，肉质细嫩酥脆爽口，中心含糖量 13% ～ 14%，且中边糖度梯度小，风味极佳。单瓜重 1.5 ～ 2kg。

8. 全美 4K

椭圆形花皮中果品种，瓜皮为绿色，带有黑色条纹，瓜纹较深且比较乱，瓜肉脆感较好，甜度适宜，口感极佳，瓜瓤为红色或粉红色，肉质厚实紧致、汁多清爽，脆嫩多汁，单果重一般为4kg左右。中心糖度可达到16，一般稳定在12～13。

三、无籽西瓜品种

1. 京玲

果实圆形，绿底色，覆盖墨绿条纹，果实周整美观。早熟，果实发育期26d左右，全生育期85d左右。植株生长势中等，易坐果，皮薄耐裂，无籽性能好。果实剖面均一，不易空心、白筋；果肉红色，口感脆爽；中心可溶性固形物含量12%～13%，糖度梯度小。单瓜重1.5～2.5kg，一株可结果2～3个。

2. 京珑

果实圆形，黑皮，果皮有光泽，果实周正美观。早熟，果实发育期26d左右，全生育期85d左右。植株生长势中等，易坐果，无籽性能好。果实剖面均匀，果肉红色，肉质脆嫩，风味佳；中心可溶性固形物含量13%以上，糖度梯度小；皮薄，耐裂，耐储运。单瓜重3kg左右，一株可结果2～3个。

四、特色西瓜品种

1. 京雅

小型无籽西瓜。全生育期82d左右。植株生长势稳健，易坐果，无籽性能好。果实圆形，亮绿底色，绿核桃纹，单瓜重 0.6kg 左右。果肉深红色，皮特薄，耐裂，耐储运，高糖，口感脆爽，风味佳。

2. 京阑

极早熟黄瓤小型西瓜。果实发育期 25d 左右，前期低温弱光下生长快，极易坐果，适宜于保护地越冬和早春栽培。可同时坐 2～3 个果，单瓜重 2kg 左右，皮极薄，皮厚 3～4mm。果皮翠绿覆盖细窄条，果瓤黄色鲜艳，酥脆爽口，入口即化，中心可溶性固形物含量 12% 以上，品质优良。

3. 京彩 1 号

绿皮橙色瓤小西瓜。单瓜重 2.5kg 左右；生长势强，早熟，坐瓜性好；椭圆，果形稳定，皮薄，耐裂，耐储运；可多蔓坐果，耐热耐高温，强光照高温条件下栽培品质极好，中心含糖量 13% 以上。富含 β-胡萝卜素，剖面颜色橙黄。

4. 京彩 2 号

绿皮彩虹瓤小西瓜。单瓜重 2.0kg 左右；生长势强，早熟，坐瓜性好；圆形，皮薄，耐裂，耐储运；肉质脆，中心含糖量可达 13%；剖面血橙，富含 β-胡萝卜素；可多蔓坐果，高温强光照品质好。是国内唯一血橙瓤色资源培育的新品种。

5. 京彩 3 号

绿皮彩虹瓤小西瓜。单瓜重 2.0kg 左右；肉质酥嫩，中心含糖量可达 13%，瓜味浓；极早熟，坐瓜性好；花皮圆瓜，果形稳定，皮薄，耐裂，耐储运。

6. 炫彩 1 号

绿皮彩虹瓤小西瓜。生长势中等，耐高温，极早熟，果实发育期 30d。花皮，圆形，商品性高，单瓜重 1.5 ～ 2.5kg；肉质酥脆，中心含糖量 12% ～ 13%。

7. 炫彩 2 号

绿皮黄瓤小西瓜。生长势中等，早熟，花皮，圆形，商品性高，耐裂性好；果实发育期 30d，单瓜重 1.5 ～ 2.5kg；肉质酥脆，中心含糖量 13% 以上；剖面亮黄色。

8. 炫彩 3 号

绿皮彩虹瓤小西瓜。生长势强，耐高温，果实发育期 28 ～ 30d。花皮，圆形，耐裂，商品性高，单瓜重 2kg 左右；肉质酥脆，中心含糖量 13% 以上。

9. 美颜

绿皮彩虹瓤小西瓜。单瓜重 2.0kg，果肉彩虹瓤，耐高温，极早熟，单瓜重 1.5 ～ 2.5kg，中心含糖量可达 13.5%。

10. 锦霞八号

绿皮彩虹瓤小西瓜。生长稳健，耐低温，易坐瓜，坐瓜整齐，中心含糖量可达 13%，皮薄而极韧，不易空心、厚皮，很少发现倒瓤和裂瓜现象。

第三节 甜瓜品种

一、厚皮甜瓜品种

1.一特白

植株生长势较强，果实发育期 35～38d，单果重 1.65 kg，短椭圆形，果形指数 1.19，果面光滑，白皮白肉，肉厚腔小，肉质细腻，中心可溶性固形物含量 16.2%，口感清香。早熟，外观商品性好，有清香味，耐贮运。

2.一特金

植株长势强健，果形指数 1.13，短椭圆形，表皮光滑，金黄色，美观，果肉白色，果瓤白色，肉厚大约 3.6cm，单果重大约 1.3kg，中心可溶性固形物含量大约 14%，不脱蒂，极耐贮运，抗病性强。表皮光洁，口感好，外观商品性好，有清香味，耐贮运。

3.久红瑞

早熟品种，果实发育期 30～32d，果实圆球形，金红色，果肉白色，肉厚 4.2cm 以上，肉质细酥，汁多味甜，中心含糖量 15%～16%。香味浓郁，耐贮运，单瓜重 1.5～2.5kg。抗病性好，高抗白粉病，产量高，适合全国露地、保护地种植。北京地区可采用立体栽培，单蔓整枝，株距 40cm，每株留 1 果，适宜坐果节位 11～13 节。采用人工授粉或低浓度坐瓜灵喷花坐果。

4. 甬甜 5 号

小哈密瓜杂交种，生长势强，耐高温，抗病性强，不易裂果，耐贮运。果实椭圆形，白皮橙肉，细稀网纹，糖度 15 以上，松脆可口，风味佳，品质优。春季全生育期 110d 左右，秋季全生育期 90d 左右，果实发育期 40 ～ 42d。单果重 1.5 ～ 2.5kg。立体栽培宜采用单蔓整枝，株距 40cm，每株留 1 果，适宜坐果节位 11 ～ 15 节。爬地栽培宜采用 2 ～ 3 蔓整枝，株距 50 ～ 55cm，适宜坐果节位 8 ～ 10 节。采用人工授粉或低浓度坐瓜灵喷花坐果。

5. 江淮蜜 1 号

早熟哈密瓜品种，植株生长势强，易坐果，雌花开放至果实成熟 38d 左右，果实椭圆形，果面易形成网纹且网纹均匀。成熟果皮为绿色，果肉橙黄色，颜色均匀，单果重 2kg 以上，中心含糖量可达 16% ～ 18%，品质好，口感极酥脆。立架栽培宜采用单蔓整枝，参考株距 0.4m，行距 1.2m，每株留果 1 ～ 2 个。

6. 金衣

植株长势强健，果实椭圆形，表皮光滑，金黄色，美观，果肉白绿色，果瓤白色，果形指数 1.13，肉厚大约 3.8cm，单果重大约 1.48kg，中心可溶性固形物含量大约 14.9%，边缘含量大约 8.5%，不脱蒂，极耐贮运，抗病性强。

二、薄皮甜瓜品种

1. 京脆香园

植株生长势较强，子蔓、孙蔓均可坐瓜。果实发育期 29 ～ 33d，单果重大约 0.25kg，果实卵形，果形指数 1.16；果面光滑，果皮底色乳白，果柄处有绿色，向果脐逐渐变淡消失；果肉大约 2.0cm，果瓤白色；中心可溶性固形物含量可达 13% 以上，口感清香脆甜。早熟，外观商品性好，肉质脆甜，有清香味，耐贮运。

2. 京香 11 号

该品种植株长势强健，早熟、丰产、稳产。果实梨形，成熟时玉白色，外观娇美、艳丽光洁，果肉白色，肉厚腔小。单瓜重 0.45 ~ 0.5kg，重者可达 0.9kg，折光糖含量 14% ~ 16%，肉质细腻，甜脆适口，风味纯正，口感极佳。不脱蒂、不裂瓜，子蔓、孙蔓均可坐果。

3. 京香 15 号

早熟、丰产、稳产、转色快。果实梨形，果面艳丽光洁，成熟时洁白色，外观娇美。果肉白色，肉厚 2.5cm 左右，腔小。单瓜重 0.6kg 左右，中心含糖量 12% ~ 15%，肉质细腻，甜脆爽口，风味纯正，口感佳。不脱蒂、不裂瓜，子蔓、孙蔓均可坐果，孙蔓坐果更好。抗病、耐湿、耐低温。

4. 羊角脆

精选羊角脆品种，子蔓、孙蔓均可坐瓜。果皮浅灰绿色，瓜呈牛角状，果长 30cm 左右，果实横径约 10cm，单瓜重大约 1kg，果肉黄绿色，肉质酥脆，汁多味甜，含糖量 12%，甜度适中，清热解暑，是夏季鲜食之佳品。

5. 竹叶青

早熟，授粉后 30d 左右成熟，香甜爽脆，过熟时发面，单瓜重 200g 左右，浅绿色，成熟时发亮白，有棱沟。子蔓、孙蔓均可坐瓜，早熟栽培以子蔓坐瓜为主。

6. 金玉满堂

植株生长势中等，子蔓、孙蔓均可坐瓜。果实发育期 30～33d，果实卵形，果形指数 1.20；果面光滑有浅沟，从脐部向中间延伸，逐渐变浅。果皮淡黄色，皮薄，果脐较小，单果重大约 0.23kg，果肉白色，肉厚大约 2.0cm，种腔大约 7.5cm×3.5cm，瓤白色；中心可溶性固形物含量可达 13% 以上，肉质细腻，口感清香脆甜。

7. 京雪 5 号

果实发育期 30～33d，果实梨形，果形指数 1.09；果面光滑有浅沟，从蒂部、脐部向中间延伸，逐渐变浅。果皮白色，果脐较平，单果重大约 0.25kg，果肉白色，肉厚大约 2.2cm，种腔大约 6.8cm×4.5cm，瓤白色；中心可溶性固形物含量可达 13% 以上，肉质细腻，口感清香脆甜，脆甜口感保持时间可达 2 周。

8. 北农翠玉

果实发育期 33～36d，果实梨形，果形指数 0.89；果面光滑有浅沟，从脐部向中间延伸，逐渐变浅。果皮绿色，果脐较平，单果重大约 0.24kg，果肉翠绿色，肉厚大约 2.5cm，种腔大约 6.6cm×6.8cm，瓤淡黄色；中心可溶性固形物含量可达 13% 以上，肉质细腻，口感酥脆香甜。

9. 京雪 2 号

果实发育期 26～30d，果实卵形，纵腔 × 横腔为 11.2cm×10.3cm；果面光滑有浅沟，从蒂部向中间延伸，逐渐变浅。果皮白色，果脐较平，单果重大约 0.28kg，果肉白色，肉厚大约 2.2cm，瓤白色；中心可溶性固形物含量可达 13% 以上，肉质细腻，口感清香脆甜。

10. 博洋 9

薄皮甜瓜，花皮类型，口感酥脆，糖度 12 以上，高的可达 14 ～ 16。长势稳健，抗病性较强，适宜定植密度为 1600 ～ 1800 株 / 亩。对环境变化适应性强，5 ～ 6 月份最适合收获。授粉后 35d 左右成熟。

三、网纹甜瓜品种

1. 翠甜

细网类型网纹甜瓜，长势强，抗病性较强，适宜定植密度为 1700 ～ 1800 株 / 亩。授粉后 45 ～ 50d 左右成熟。高圆果细网，果肉绿色，成熟期 45d 左右，易上糖，平均单果重 1.5 ～ 2.0kg，糖度稳定在 15 以上。

2. 库拉

中网类型网纹甜瓜，长势强，抗病性较强，适宜定植密度为 1700 ～ 1800 株 / 亩。授粉后 45 ～ 50d 左右成熟，高圆果中网，果肉绿色，网纹易形成，易栽培，平均单果重 1.6 ～ 2.0kg，糖度稳定在 16 以上。

3. 帅果 5 号

中网类型网纹甜瓜，长势强，抗病性较强，适宜定植密度为 1700 ～ 1800 株 / 亩。授粉后 50 ～ 55d 左右成熟，圆果中网，果肉绿色，平均单果重 1.6～1.8kg，糖度稳定在 16 以上；网纹易形成，易栽培，抗白粉病。

4. 蜜绿

中网类型网纹甜瓜，长势强，抗病性较强，适宜定植密度为 1700～1800 株/亩。授粉后 55d 左右成熟，圆果中网，果肉绿色，网纹易形成，易上糖，耐低温性好。平均单果重 1.6～1.8kg，糖度稳定在 16 以上；耐白粉，易栽培，有果香味。

5. 维蜜

粗网类型网纹甜瓜，长势强，抗病性较强，适宜定植密度为 1600～1800 株/亩。授粉后 60d 左右成熟。果皮绿色，网纹灰白色，果肉绿色，纤维细，糯性好。平均单果重 1.6～1.8kg，糖度稳定在 15 以上；果肉厚，耐贮藏，耐运输。耐蔓割病、白粉病。

6. 阿鲁斯

粗网类型网纹甜瓜，长势强，抗病性较强，适宜定植密度为 1600～1800 株/亩。授粉后 55～60d 左右成熟。平均单果重 1.6～1.8kg，糖度稳定在 15 以上；圆果粗网，果肉黄绿色，有果香味。

7. 比美

粗网类型网纹甜瓜，长势强，抗病性较强，适宜定植密度为 1600～1800 株/亩。授粉后 55～60d 左右成熟。圆果粗网，果肉黄绿色，平均单果重 1.6～1.8kg，糖度稳定在 15 以上；有果香奶香混合味。

8. 帕丽斯

粗网类型网纹甜瓜，长势强，抗病性较强，适宜定植密度为 1600 ～ 1800 株 / 亩。授粉后 55 ～ 60d 左右成熟。圆果粗网，果肉橙红色，平均单果重 1.6 ～ 1.8kg，糖度稳定在 15 以上；有淡麝香味。

第六章

设施西瓜、甜瓜栽培关键技术

第一节　集约化育苗技术

一、种子消毒处理技术

1. 温汤浸种

将种子放入 55℃温水中不断搅拌，保持 55℃水温 15min，然后使水温自然冷却，浸种 4 ～ 6h。这样，可有效杀死附着在种子上的病菌、病毒。

2. 强光晒种

选择晴朗无风天气，将种子摊开在纸或凉席上，厚度 1cm 左右，使种子在阳光下暴晒 6 ～ 8h，每隔 2h 左右翻动 1 次。

设施西瓜甜瓜均一栽培技术

3. 药剂消毒

将种子浸入能杀死病菌的药液中。常用 40% 甲醛 150 倍液浸种 30min，或用 50% 多菌灵可湿性粉剂 500 倍液浸种 60min，可防治炭疽病和枯萎病；用 2% ～ 4% 漂白粉溶液浸泡 30min，可杀死种子表面细菌；用 1.0% 磷酸三钠或 2% 氢氧化钠浸泡 15 ～ 20min，可钝化种子表面附着的病毒；用 50% 代森铵水剂 500 倍液浸泡 30 ～ 60min，可预防苗期病害发生。另外，还可用高锰酸钾、1% 硫酸铜等药液进行消毒。药液浸种必须严格掌握浓度和浸种时间，种子浸入药水前，应先在清水中浸泡 4h。经过药液处理后的种子，必须反复用清水冲洗，直到将种子上残留的药液完全洗净。

二、种子包衣处理技术

1. 处理方式

使用北京市西甜瓜创新团队岗位专家吴学宏的种子包衣剂进行西瓜、甜瓜种子消毒。按照质量比 1 : 20 的比例向种子中加入种子包衣剂，将自封袋拉口封上，随后保证塑料自封袋完全封严。用手握住自封袋，然后用力摇晃，使自封袋中的药剂与种子混合均匀。将包完衣后的种子从塑料自封袋中倒出，放在阴凉通风处，把种子晾干。2h 后将种子放置在一个新的塑料自封袋中。所有包衣处理后的种子放置 14h 直接播种。此种处理方式可以提高种子的发芽率 3% ～ 5%，提高出苗率 5% 左右，降低死苗率 10% 左右。

2. 注意事项

包衣药剂在使用前一定要用力摇匀，摇匀时间为 1min 左右；

应用药剂处理以后，不能用其他药剂进行种子处理，否则可能导致种子不发芽；药剂直接用于西瓜种子包衣，不能用水稀释后再进行包衣，不需要进行浸种催芽，可以直接播种，能保证出苗整齐和健壮；包衣后的种子直接播种后，其发芽或出苗可能推迟 12 ～ 24h，但不影响幼苗的整体生长发育。

三、嫁接育苗技术

西瓜、甜瓜生产采用嫁接栽培可以有效避免土壤连作障碍，防止枯萎病危害，促进瓜苗健壮生长。

1. 嫁接方法

目前西瓜、甜瓜嫁接主要有贴接、插接、断根嫁接、靠接等方法。

（1）贴接　要求接穗刚出土后再播砧木种子，砧木比接穗迟播 4 ～ 6d。首先将砧木用刀斜向下约 30°切掉生长点和 1 片子叶，留 1 片子叶，切口长度大约为 1cm。选取长出第 1 片真叶的接穗苗，在子叶下方 1cm 处用刀片向下斜切 1 个与砧木苗切口吻合的切口，使砧木和接穗切口紧密贴合在一起，用嫁接夹固定好。

（2）插接　砧木应比接穗早播 3 ～ 5d，当砧木子叶出土后，即可催芽播种接穗。接穗子叶展平即可嫁接。选用斜插法，首先将 1 根竹签的尖端削成楔形，斜面 30°左右。将砧木的生长点去掉，用竹签从右侧子叶主脉向左侧斜插 1cm 深，以竹签顶端触碰到食指，不划破表皮为宜。用刀片在接穗子叶下方 1cm 处斜切 1cm 左右长的斜面，将接穗插入孔中，砧木与接穗子叶呈"十"字形。

（3）**断根嫁接**　断根嫁接是由插接法演变而来的一种嫁接方法，这种嫁接方法去掉了砧木原有的根系，重新诱导砧木产生新的根系。嫁接方法和插接法一样，嫁接过后，将砧木根系用刀片切断，同时插入新的装好基质的穴盘中。

（4）**靠接**　一般砧木较接穗晚播 3 ～ 5d，以砧木、接穗子叶展平刚露真叶为宜。先用刀片去除砧木的生长点，并在砧木子叶下方用刀向下约 30°斜切，切口长度大约为 1cm。再在接穗相同高度的茎秆位置向上 30°斜切 1 个长 1cm 的切口，深度与砧木相同，两者相互契合后用嫁接夹固定，放回苗床上。

2. 嫁接苗管理

（1）**温度**　嫁接后的苗子要尽量做好保温及降温措施。刚嫁接的苗白天应保持在 25 ～ 28℃、夜间 18 ～ 20℃，温度高于 30℃ 要做好降温处理。1 周后随着伤口愈合程度的提高，可适当降低温度，白天保持在 22 ～ 24℃，夜间 18 ～ 20℃。等伤口完全愈合后，即可进行常规管理，定植前 1 周左右炼苗。

（2）**湿度**　在嫁接前 1 天，砧木和接穗都必须浇透水，呈吸胀状态，嫁接后用薄膜平铺密封，保持相对湿度达 95% 以上。3 ～ 4d 后在清晨、傍晚时开始少量通风换气，随着伤口愈合，慢慢增加通风换气的时间，7 ～ 10d 后可按一般苗床管理。

（3）**光照**　嫁接后 1 周内需要进行相应的遮光处理，可在薄膜外覆盖遮阳网，目的是避免高温和阳光直射引起嫁接苗萎蔫。前 3d 必须密封遮光，3d 后可适当在早晚光照较弱时取下遮盖物，接受散光 0.5 ～ 1.0h，以后随着伤口的愈合可逐渐延长光照时长，一般 7 ～ 10d 后即可正常管理。

四、田间管理技术

1. 育苗基质

集约化育苗基质主要是以轻基质为主，即草炭、蛭石、珍珠岩为主。采用高架育苗，穴盘一般选用50孔（孔深5.5cm，边长6cm×6cm）或32孔（孔深4cm，边长4.5cm×4.5cm）标准方形穴盘。

2. 设施要求

在加温棚内或苗床下铺一层地热线提温，并安装控温器以达到增温的目的。大型育苗场一般配备装盘机、补光灯、空气源热泵等省工、补光和提温设备。

3. 具体措施

（1）**浸种催芽** 砧木和接穗种子均采用温汤浸种消毒，25～30℃条件下浸泡4～6h（葫芦种子浸泡48h）后，在25～30℃条件下催芽。当种子露白时播种。

（2）**播种** 砧木播于32孔或50孔标准方孔穴盘中，接穗播种于沙盘上，采用不同的嫁接方法，砧木和接穗播种稍有差异。砧木、接穗苗龄过小或过大均不适宜嫁接。南瓜的子叶较大，种子萌芽后第8d剪去半张子叶，避免相互拥挤，造成操作不便。用薄膜保温保湿促进萌发，萌芽后进行炼苗使其生长充实。

（3）**摘除砧木萌芽** 嫁接苗砧木切除生长点后，根系吸收养分会促进不定芽发生和子叶节不定芽萌发，会直接影响接穗生长，所以要及时除去砧木萌芽，定植前一般摘芽3～4次。

（4）**去掉固定物** 嫁接苗通过缓苗长出新叶后，表明嫁接已经成活，大约嫁接 10d 后应及时去掉固定物，以免影响嫁接苗的生长。

（5）**炼苗**　定植前 7 ～ 10d 对嫁接苗进行低温锻炼，去掉覆盖在苗床上的薄膜进行大放风，白天温度控制在 22 ～ 24℃，夜间温度降到 13 ～ 15℃，使嫁接苗逐渐适应外界环境条件。当嫁接后 25 ～ 30d、嫁接苗具有 3 ～ 4 片真叶时，即可进行田间定植。

4. 病害防治

遵循"预防为主，防治结合"原则。尤其是嫁接苗在管理期间处于高温高湿状态，在嫁接前要对接穗和砧木喷施百菌清、多菌灵等广谱性杀菌剂，同时在嫁接时注意刀片和竹签的消毒，防止病菌从伤口侵入。嫁接后做好猝倒病、立枯病等苗期病害的防治，葫芦砧木还要做好炭疽病的预防，一般 1 周用药 1 次。

五、相关试验研究

目前主要是从育苗期的基质配制、嫁接方法、补光时间和壮苗剂浓度筛选等关键环节开展试验研究。

田红梅、王朋成等研究发现，两种生物菌配方基质（生物菌基质 50%+ 椰糠 30%+ 蛭石 15%+ 珍珠岩 5%、生物菌基质 55%+ 椰糠 25%+ 蛭石 15%+ 珍珠岩 5%）的 EC 值、pH 值与对照商品育苗基质（草炭∶蛭石∶珍珠岩 =3∶1∶1）相比差异不显著，容重、总孔隙度均在优良基质范围内，养分含量适中，采用这两种配方基质进行西瓜育苗，其发芽指数、成苗率、干重和壮苗指数均较高，且无病害发生，适合西瓜育苗。

陈宗光、江姣等研究发现，采用营养土（配制比例为田园土：农家肥 =3∶2 和田园土：基质 =3∶1）时，植株株高、茎粗和叶面积方面均表现较好。中、边的可溶性固形物含量梯度最小，且果实皮最薄，口感更好，可食用部分更多，单瓜重和产量方面表现较好。

陈宗光、高会芳等研究发现通过对比贴接、靠接和顶插接三种嫁接方法，发现插接方法嫁接工效最高，达到 300 株 /h；贴接嫁接成苗率最高，靠接次之，插接最低。缓苗方面，贴接方法缓苗情况最好，插接最差；果实品质和产量方面，贴接方法较好；而苗龄 36d 时定植，三种嫁接方法植株果实品质和产量均表现较好。

江姣研究发现，在早春温度低、光照弱、湿度增加、雾霾天气等不利环境条件下人工补光 8h 与 12h 均可满足西瓜幼苗生长需求，而光照 8h 在实际生产中更容易实现，因此，综合分析在光照不足的环境下育苗，用功率为 40W 的补光灯补光 8h 即可正常进行生产。

陈宗光、江姣等研究发现，以小果型西瓜京颖为接穗、京欣砧 4 号为砧木，喷施不同浓度噁霉·稻瘟灵。当喷施浓度为 100 倍液时西瓜幼苗的重高比达到 0.0150，根冠比平均最高达到 0.0913，壮苗指数达到 0.0600；定植后茎粗和叶面积平均最高，分别达到 0.55cm 和 45.60cm^2，株高平均达到 7.37cm。综合各项指标 100 倍药液处理表现较好。

庞法松、王光等研究发现，通过西瓜幼苗叶面喷施不同浓度叶绿体转化素，分析叶绿体转化素对西瓜幼苗茎粗、株高、第 2 片真叶大小及移栽后开花结果的影响。结果表明，利用 0.50g/L 叶绿体转化素比多效唑 5mg/L 有更好的控制穴盘西瓜苗徒长的效果，使叶片明显增厚变硬，叶色更浓绿，且移栽后对植株缓苗和果实的品质均没有影响，产量也更高。

六、应用现状

北京市农业技术推广部门集成应用了以种子处理、育苗方式、嫁接方法、基质配比、加温方式和病虫害防治等单项技术为核心的西瓜、甜瓜集约化育苗技术（表 6-1、表 6-2）。基本解决了北京地区西瓜、甜瓜种苗标准化生产程度低、商品苗率低和劳动力成本高等问题。2018 年以来建设了集约化育苗场与发展育苗大户共计 22 家，西瓜、甜瓜秧苗壮苗率及定植成活率达到 98.5%以上。

表 6-1　小型西瓜集约化育苗技术规范

项目	内容
品种	京美 2K、L600 和超越梦想
种子处理	应用小型西瓜专用种子处理剂
育苗方式	32 孔或 50 孔穴盘育苗
嫁接方法	贴接，日嫁接 3000 ～ 5000 株 /（人·天）
基质配比	草炭：蛭石：珍珠 =7：3：4 或田园土：基质 =3：1
加温方式	地热线或电锅炉加温
病虫害防治	采用人工补光，采用 100 倍液噁霉·稻瘟灵壮苗 噁霉灵 1000 倍液防猝倒和立枯；嘧菌酯 3000 倍液防治炭疽及疫病
成苗标准	三叶一心，苗龄 35d

表 6-2　小型西瓜集约化育苗的应用效果

育苗方式	商品苗率	嫁接成活率	定植成活率	工作效率
集约化育苗	97.5%	97.7%	98.5%	280 棵 /h
常规化育苗	92.0%	95.2%	96.0%	190 棵 /h
与对照比较	5.5%	2.5%	2.5%	47.4%

第二节　蜜蜂授粉技术

西瓜属异花（虫媒）授粉作物，露地栽培可依靠昆虫自然传粉，但设施内环境密闭，传粉昆虫少，花期需通过人工辅助授粉促进坐果，提高坐果率。设施西瓜人工辅助授粉方式主要有人工授粉、激素处理和蜜蜂授粉三种形式。其中人工授粉需耗费大量人工，成本较高，人工成本已由 2012 年的 100 元 / 天涨到现在的 200 元 / 天，授粉过程中雌花易受机械损伤；激素处理则易产生畸形瓜。而蜜蜂授粉具有节省人工、增产提质和安全优质的优点，可有效缓解劳动力短缺问题，同时减少激素、化学药剂的使用，能促进西瓜、甜瓜的简约化、规模化生产，提高商品率。

一、品种选择

蜜蜂品种宜选用耐高温、繁殖性好和访花积极的蜂种。一般甜瓜授粉常选用中华蜜蜂和意大利蜜蜂，西瓜常选用意大利蜜蜂。运蜂时，温度控制在 15 ～ 20℃，给蜂群做好防寒措施，应避免蜂群受闷，中途停歇时禁止蜂群在露天暴晒，以夜间运蜂为宜。

二、放蜂时间

北京地区主茬口西瓜蜜蜂授粉最佳时间为 4 月中旬至 5 月初，授粉期为 7 ～ 10d，因此春大棚建议在 5 月 10 日前授粉。5 月中旬以后随着外界温度的提高，蚜虫与蓟马危害日趋严重，导致杀虫与蜜蜂授粉相冲突。授粉前 3 ～ 5d，在傍晚将蜂箱搬进大棚静置 10min，防止蜜蜂撞棚。蜜蜂进棚初期，巢门只开 1 个小缝（洞），仅能让 1 头蜜蜂挤出去，待蜜蜂适应环境后逐渐开大巢门。

三、蜂箱及蜂群数量

每个蜂箱有 3000 ～ 5000 头蜂，其中有 1 头蜂王、2 ～ 3 张标准尺寸的蜂脾、1 头盖子脾，蜂箱内放置适量糖水，提高蜜蜂回巢量，减少其他花源对蜜蜂的吸引力。其中中型西瓜授粉建议放置 1 箱蜂，蜂箱放置于大棚偏北 1/3 的位置，巢门向南，与棚走向一致；小果型西瓜授粉应放置 2 箱蜂，棚南北 1/3 处各放置 1 箱，其他管理与中果型西瓜相同。

四、温湿度调控

温湿度是影响蜜蜂授粉效果的重要环境因素。蜜蜂授粉要求棚温控制在 18 ～ 32℃，适宜温度为 22 ～ 28℃，温度过高或过低均会导致花粉活力减弱。湿度控制在 50% ～ 70%。

五、授粉时间

蜜蜂授粉最佳时间为 8:00 ～ 10:30，晴天应更早些。正午时间注意加大棚室通风，保证植株正常生长和蜜蜂活动，提高授粉效率。蜜蜂授粉后可作标记，在西瓜果实长到鸡蛋大时，进行选果和疏果。

六、植株管理

西瓜生长过程中必须及时整枝打杈，避免跑秧，导致雌花稀、花粉少，影响坐果。西瓜定植时要保证大小苗一致，以确保开花集中，有利于授粉。并在开花坐果前少量浇水，避免授粉过程中因干旱补水，影响坐果。

七、蜂群营养供给

大棚内西瓜的花粉和花蜜一般满足不了蜂群生长繁殖所需营养，需向食槽中添加白糖浆。用 1kg 水加 500g 白糖，食槽内糖水装 2/3 为宜，水上放置几根木棍，以便蜜蜂饮水。

八、注意事项

（1）摆放与打开箱盖最好由专业人员来操作，以免被蜇。

（2）定植时禁止使用吡虫啉等缓释片剂，蜜蜂授粉前 15d 内严禁使用缓释杀虫剂、烟熏剂等。

（3）授粉期间如遇连阴天，棚内温度过低，蜜蜂可能不出巢，应加强保温，适当减食和增加授粉天数。同时采用其他方式辅助授粉。

（4）大棚西瓜授粉期为 7～10d，授粉时间过长易造成坐瓜过密，增加后期疏果劳动量。

（5）授粉结束后，选择在傍晚蜜蜂回巢后，关闭蜂箱门及时撤出蜂群。授粉后的蜂群，应及时送回蜂场。

九、相关试验研究

目前主要是从授粉蜜蜂品种、授粉专用西瓜品种、授粉方式和方法等关键环节开展试验研究。

李文海、黄远、赵露等研究表明，不同西瓜品种在花蜜含量、花冠直径、花粉数量、15℃条件下的花粉萌发率、花粉管长度上差异显著，而在25℃下花粉萌发率无显著差异；在雌花开花当天 7:00 ~ 17:00 内，花蜜量随时间推移，其分泌速率受温度影响，表现出双 S 曲线变化趋势；比较不同品种在泌蜜量、花粉量、花粉萌发率、花粉管长度等性状方面的表现，"早佳 8424""京欣一号""小玉五号""小玉八号"西瓜综合表现较好，可以考虑作为西瓜蜜蜂授粉的重要品种。

张保东研究表明，在地爬栽培方式下应保证工蜂数量在 1600 ~ 2000 只 / 亩，一棚放置两箱意大利蜜蜂，两个蜂箱分别放在大棚南北向的 1/4 和 3/4 处，并且处于南边的蜂箱要偏东放置、处于北边的蜂箱要偏西放置。在对应放置蜂箱的位置两边打开 2m 左右的风口，并拴好带颜色的标记，以便于蜜蜂飞行，授粉期尽量提前到 5 月以前；在吊蔓栽培方式下，使用蜜蜂授粉果实品质较优，每亩产量高于人工授粉 4.4%，能节约大批人工授粉劳动力，节省费用 350 元，每亩节本增收 990 元。此外应在棚两边种植两行中果型西瓜以便蜜蜂采粉，同时每隔 8 株种植一株小果型黄瓤西瓜京澜作为授粉株。

张保东研究表明，利用意大利蜜蜂为冷棚立架小果型西瓜"L600"进行授粉，以人工授粉为对照，同时在大棚两边行种植 2 行地爬中果型西瓜"京欣 3 号"，弥补早春小果型西瓜花粉不足；对大棚内地表和植株坐瓜节位处的温、湿度记录观察，同时分析果实品质、投入和产出效果。结果表明，边行种植中果型西瓜"京欣 3 号"对蜜蜂授粉具有良好效果；温度、湿度对蜜蜂的传粉活动影响较大，蜜蜂授粉果实品质较优，每亩节本增收 990 元。

十、应用现状

北京市农业技术推广部门集成应用了以适宜授粉蜂数量、授粉蜂群配置、授粉时间、栽培管理、放置位置和放置时间等单项技术为核心的小型西瓜蜜蜂授粉技术。解决了人工授粉成本高和坐瓜率低等问题，同时提升了小型西瓜品质。小型西瓜蜜蜂授粉技术的应用，使得西瓜授粉期提前 10d，每亩节约人工成本 500 元（表 6-3）。

表 6-3　小型西瓜蜜蜂授粉技术规范

项目	内容
授粉蜂群量	2～3 张标准尺寸蜂脾，3000～5000 只蜂
授粉蜂群配置	1 个设施大棚配置 2 箱授粉蜂群
使用时间	6～10d
栽培管理	杜绝施用缓释片，授粉前 15d 严禁施用药剂，及时整枝打杈，开花坐果前浇小水
授粉时间	4 月中旬至 4 月底，二茬瓜为 5 月 24 日
放置时间	在坐果雌花开放前 1～2d
放置位置	放置在棚南和棚北的 1/3 处
适宜温度	18～30℃
授粉株品种	京阑、特小凤

第三节　土壤消毒技术

西瓜种植长期连作，就会造成土壤盐渍化、酸化、病虫害泛滥和自毒等重茬障碍，植株的发病率一般都在 30% 以上，再严重的达到80%，最终绝产。其中枯萎病是连作障碍中主要问题之一，严重影响西瓜、甜瓜优质、高效生产。

一、土壤连作障碍

在同样的地块不断栽种同样的植物易引发连作障碍，在正常管理下，也会发生植物生长不良，导致病害加重。其中西瓜重茬最为突出，土传病害最为明显。西瓜连作障碍原因复杂，有病原菌的侵染、土壤次生盐渍化、自毒作用和病原菌侵染等多方面的原因。

土传病虫害是指真菌、细菌、线虫等附于病残体而留在土壤中，适宜条件下从植物的根部或茎部侵入从而导致土传性病害。在这些病原体中以真菌为主，真菌有非专性寄生与专性寄生两类。真菌会引起猝倒病、立枯病，严重的导致植株死亡。瓜类的土传病害经常发生的有猝倒病、立枯病、根腐病、枯萎病。

二、土壤消毒概念

土壤消毒是一种高效、快速杀灭土壤土传病害的技术，能有效杀灭土壤中的真菌、细菌、线虫、地下害虫、杂草等，并显著提高作物的产量和品质。

三、土壤消毒方法

主要包括物理消毒方法和化学消毒方法。

1. 物理消毒方法

主要有双膜法太阳能土壤消毒技术、土壤日晒处理、蒸汽消毒、热水消毒等。

（1）**双膜法太阳能土壤消毒技术**　在 7 ～ 9 月份棚室闲置期，选择天气连续晴天时进行最佳，同时还要保持 60% 左右的土壤含水量。方法：在畦间灌水，使得土壤湿润。用黑地膜覆盖整好的畦，边缘压实。黑地膜覆盖好后，再搭建小棚，盖上透明的棚膜，压实。保持 2 周以上，使土壤温度达到 40℃以上累积时间满300h 以上后，撤除覆盖物，使土壤自然降温，5 ～ 7d 后可以定植瓜苗。

（2）**土壤日晒处理**　在夏天土壤休闲时，揭开大棚塑料薄膜，使得太阳直接暴晒棚内土壤，覆盖地膜以提高地温，可使得地表土温升高至 60℃以上，处理 7 ～ 30d。

（3）**蒸汽消毒**　处理时，土表覆盖薄膜密闭，80℃水蒸气处理土壤 1h 以上。土壤中加入适量石灰，调节 pH，可提高消毒效果，并且可避免锰害。

（4）**热水消毒**　使用耐高温水管将 92℃以上高温热水输送到栽培畦，将 20cm 土壤温度升至 50℃以上保持 1 ～ 2h，45℃以上持续达 3.5h。

2. 化学消毒法

主要有棉隆熏蒸法消毒，异氰尿酸、含氯药剂土壤消毒技术，石灰氮消毒，甲醛稀释液消毒，五氯硝基苯消毒。

（1）**棉隆熏蒸法消毒**　每亩用量 25 ～ 30kg，进行沟施或撒施，再进行旋耕均匀，翻耕深度 30cm，使药剂均匀混入 1 ～ 30cm的耕作层中；保持 60% ～ 70% 土壤湿度；施药后用农膜密闭覆盖10 ～ 15d；揭膜后用土壤旋耕机翻 30cm；定植前需全面灌水；一周后定植瓜苗。

（2）**异氰尿酸、含氯药剂土壤消毒**　选用二氯异氰尿酸钠、三氯异氰尿酸、次氯酸钠、二氧化氯等其中一种药剂。亩用量15～20kg，配制成1500～3000倍药液，将药剂施入定植畦上，使药液淋透土壤1～30cm，施药处理后让田块自然落干，5～7d后可移栽瓜苗。

（3）石灰氮消毒 石灰氮又叫氰氨化钙（$CaCN_2$），分解的中间产物氰氨和双氰氨都具有防病、灭虫的作用，是一种替代高毒农药较理想的土壤消毒剂。在夏季高温期间每亩用量为50～300kg，伴随撒施1000～2000kg稻草、麦草、玉米秸等，用旋耕机或犁杖深翻至地，旋耕5次。然后封闭所有出气口，保证温室的密闭性。闷棚25d以上再揭棚。

（4）甲醛稀释液消毒 首先将土壤翻松后用40%甲醛稀释10倍液均匀地喷洒在土壤上，然后土壤重新深翻后将药土均匀混合，用薄膜全部覆盖后密闭大棚4～5d，然后揭去薄膜并再次松动土壤，打开通风口通风，15d后即可进行种植。

（5）五氯硝基苯消毒 每平方米土壤用75%五氯硝基苯4g、代森锌5g，再与12kg细土拌匀，播种时下垫上盖，对由土壤传播的炭疽病、立枯病、猝倒病等病害有特效。

四、相关试验研究

1. 土壤的化学消毒法

1935年Lindgren首次发现溴甲烷的杀线虫活性。随后，Shepard和Buzicky通过研究证实，溴甲烷对根结线虫的防治非常有效。因此溴甲烷被广泛应用于土壤的消毒中。20世纪美国每年大约将2000t的溴甲烷用于土壤消毒，由于溴甲烷会破坏臭氧层，因此逐渐被限用和禁用。山东省曾应用氯化苦来解决土传病害难题以提高产量。若与噻唑膦联合使用，还可显著扩大防治的范围和效果。威百亩和棉隆与太阳能消毒联用效果更好，并可降低药剂的使用量。然而，由于耗时较长，不太适用于急需栽种下茬作物的地区。

2. 土壤的物理消毒法

Triolo 等研究发现，在作物种植前向土壤中通入蒸汽，配合施用施加 KOH 和 CaO，能有效地消除大田试验中的核盘菌属、丝核菌属和尖孢镰刀菌属的病原菌，显著影响微生物群落和产量。Luvisi 等也进行了相似的试验，研究发现，蒸汽消毒后土壤中尖孢镰刀菌的数量减少，木霉的数量增加，作物的鲜重显著提高。Samtani 等研究发现土壤蒸汽消毒从根本上改变了土壤的状况，能增加草莓的产量，成功地缓解了连作障碍，有效消除了核盘菌、丝核菌、尖孢镰刀菌和大丽轮枝菌等多种病原菌，与溴甲烷处理效果相似。

3. 土壤的生物消毒法

Perniola 等将生物熏蒸结合生防菌木霉使用，能有效地抑制尖孢镰刀菌。王德江等用 3 种芸薹属植物粉碎后熏蒸，用于防治土壤黄瓜枯萎病病菌，提高了黄瓜的品质和产量。Meng 等在西瓜栽培前，对比了蒸汽消毒法、熏蒸法和 RSD（强还原土壤修复）法的土壤消毒效果。研究表明，RSD 法主要降低细菌的多样性，改变细菌的群落结构；RSD 处理的土壤中，植物的生物量、坐果率和产量最高。

第四节 多重覆盖提温技术

北方地区早春寒冷，有效积温低，因此在设施西瓜、甜瓜生产中常进行多层覆盖来实现早春大棚内部能量转化。在京郊生产中，多采用地膜+小拱棚+保温被+二道幕+大棚膜的五层覆盖方式。可实现提前定植、提早上市、提高瓜农收益、延长瓜果市场上市时间和供应期等。

一、地膜覆盖

地膜覆盖栽培就是利用塑料薄膜在作物播种前或播种后覆盖在农田上配合其他栽培措施，以改善生态环境、清除杂草、促进作物生长发育、提高产量和品质的一种保护性栽培技术。

1.地膜种类

（1）**银色反光地膜** 具有反光、隔热以及降低地温的作用。可地面覆盖，也可用作温室、大棚的侧壁，利用反射光提高作物株行间光照强度。

（2）**黑色地膜** 透光率低可抑制杂草，增温缓慢，保水性好。

（3）**银灰色地膜** 可驱避蚜虫、白粉虱，具有减轻作物病毒病的作用，对黄守瓜、象甲等害虫也有驱避作用；还能抑制杂草生长，且保水效果好。

（4）**黑白双面地膜** 能增强反射光，可降低地温，同时保水与灭草效果良好。

2. 地膜覆盖的方式

（1）**高畦覆盖** 平地起垄后，合并两垄作成高畦，然后覆膜。常用的适宜规格是：畦高 10 ～ 15cm，畦面宽单行种植为 40 ～ 50cm，双行种植为 60 ～ 80cm，适合于早春种植。

（2）**平畦覆盖** 平地作低畦覆盖地膜，在四周畦埂上压土，适合于秋茬种植。

二、小拱棚覆盖

小拱棚主要由拱架和农用塑料薄膜构成。用作拱架的材料，主要有竹片、细竹竿（直径 4 ～ 6mm）、荆条（直径 4 ～ 6mm）等或其他可弯成拱形的材料。小拱棚的高度一般为 0.8 ～ 1m，跨度一般为 1.5 ～ 2m。塑料薄膜多为 0.04 ～ 0.07m 的 PE（聚乙烯）膜或 PVC（聚氯乙烯）膜。

1. 小拱棚类型

主要有拱圆棚、半拱圆小棚等，具有用材少、设置容易、省工高效的优点，在全国各地广泛使用。

2. 注意事项

（1）应选择质量较好的农用塑料薄膜，最好为无滴多功能膜。

（2）如夜间覆盖保温被，要注意及时进行揭、盖管理，以尽量延长见光时间。

（3）拱棚内空气湿度大，应注意控制棚内湿度。

三、二道幕的铺设

1. 应用原理

日光温室或塑料大棚内部架设二道幕可有效提高棚温、地温，一般定植日期可提前 7 ～ 10d，具有明显保温、增温的效果，能够为西瓜、甜瓜生长发育创造适宜、良好的小气候条件。

2. 使用方法

（1）材料准备　选用厚度为 0.014mm 的流滴膜。宽度 2 ～ 3m，用夹子夹住薄膜之间的连接处。使用 14 号铁丝作为二道幕的骨架。如仍需增温可按同样方法再加一层薄膜，距离第一层下方 20 ～ 30cm 铺设效果更好。

（2）搭建方法

① 搭设铁丝　沿棚室正脊从南到北，在距离棚顶 20 ～ 30cm 处拉一条铁丝，每隔 2 ～ 3m 用细铁丝固定，间隔应比流滴膜宽度小 30 ～ 40cm。

在棚室中间线到棚边线的中间位置，南北向拉一条铁丝，吊瓜距离与棚室正脊相同，长度 40 ～ 50cm，棚室东西两边各一条，称为侧脊。

在棚室两侧棚腰的位置各拉一条铁丝，吊挂长度 30cm，距离与正脊相同，在棚室南北两端，东西向用铁丝从棚的一脚直线连接上述 5 根铁丝后固定到另一脚，使之形成一个边框形状。

② 铺设流滴膜　将流滴薄膜由东向西铺在搭建完成的 5 条铁丝上，后将薄膜拉到棚底部，两端各留 30cm 长。由南到北，将薄膜平铺到铁丝上。铺好后将底脚用预留的薄膜埋好。膜之间应预留重叠区，方便夹子夹紧。

③ 封闭膜间缝隙　棚膜铺设好后，每隔 30 ～ 35cm 用夹子将预留的重叠区卷在一起后夹紧，将所有接缝夹好，以保证良好的密闭性，并制作相同材质的棚门。

3. 应用效果

（1）**提早定植时间**　在北京地区一般采用大棚内应用小棚加地膜的三层覆盖方式，定植日期在 3 月 10 ～ 15 日，在此基础上加盖一层二道幕后，定植日期可提前 7 ～ 10d。为了更好地起到保温作用，很多农户在小拱棚上再加保温被。综合应用地膜覆盖 + 小拱棚 + 保温被 + 二道幕 + 大棚，由内向外进行 5 层覆盖将定植时间提前到 2 月中上旬，可有效减轻低温冻害。

（2）**增加农户收益**　采用钢架大棚加多重覆盖增温的方式，西瓜、甜瓜上市时间可提前 10 ～ 15d，亩增加成本仅为 300 元，亩收益可显著增加。

四、保温被的铺设

保温被具有传热系数小、保温性好、防风防水效果好、使用寿命长等优点。在北京地区西瓜、甜瓜生产中，一般将保温被盖在大棚或者拱棚的外面进行保温，达到提前上市的目的。一般可将定植期提早到 2 月中上旬，采收期提前到 4 月底～ 5 月初。

1. 新型保温被的类型

（1）**复合型保温**　采用 2mm 厚蜂窝塑料薄膜 2 层、加 2 层无纺布，外加化纤布缝合制成。具有重量轻、保温性能好的优点，适于机械卷放。

（2）**腈纶棉保温**　采用腈纶棉、太空棉作防寒的主要材料，用无纺布作面料，采用缝合方法制成。保温效果好，但耐用性差。

（3）**棉毡保温被**　采用棉毡作防寒的主要材料，这种保温被价格相对较低，但耐用性差。

2.应用效果

（1）**保温好**　保持棚内热量，减少热量散失，可提高大棚温度 3～5℃；

（2）**重量轻**　具有体积小、重量轻、易收放等优点；

（3）**易清洁**　保温被外层由无纺布缝制而成，能够防止灰尘、杂质进入内层，并且不影响透光强度。

五、大棚膜的铺设

大棚薄膜应选择透光性好、防尘防水、抗压力强的透明薄膜。

1.大棚膜的类型

主要有聚乙烯膜、聚氯乙烯膜、乙烯 - 醋酸乙烯共聚物膜和合成树脂涂层膜 4 种类型。

（1）**聚氯乙烯（PVC）棚膜**　保温性、透光性好，伸缩度大，适合作为温室及中小拱棚的外覆盖材料。但存在薄膜密度大，低温下易变硬、脆化等缺点。

（2）**聚乙烯（PE）棚膜**　质地轻，柔软，易造型，透光性好，无毒，适合作各种棚膜，是我国目前主要的农膜产品。缺点是耐候性及保温性差，不易粘接，且无滴期短。

（3）**乙烯 - 醋酸乙烯共聚物（EVA）棚膜**　具有较高的耐候、防雾滴和保温性能，其透光性优于 PVC 和 PE 棚膜，保温性不如 PVC 棚膜。

（4）合成树脂涂层膜（PO）棚膜　透光性、保温性及耐候性都强于PVC、PE和EVA棚膜，而且抗老化、防流滴，可多年使用。

2.注意事项

（1）选择合适的棚膜　西瓜、甜瓜生产中对温度的要求较高，要选择保温性好的棚膜。

（2）扣膜时注意事项　扣膜应选择晴天无风天气，扣膜时应拉平、绷紧、压牢、固定，采用压膜线固定，避免产生横向皱纹，防止产生滴水。

第五节　天窗放风技术

钢架大棚西瓜种植过程中必须进行通风换气，目前北京地区大多数钢架大棚均采用底部放风和腰部放风方式。底部放风容易闪苗，造成短时间冻害；腰部放风，会造成两边温度低中间温度高，边部西瓜出现裂瓜、厚皮等现象。而顶端放风则操作困难，易造成棚膜损伤。为了解决上述技术问题，北京市农业技术推广站研制了一种"天窗"型钢架大棚放风装置。该装置主要由窗框、窗框上铰接的窗扇及操作窗扇的纵向推杆构成，窗框通过压膜线与棚门相连，通过推杆能方便调节窗扇立起角度（0°～45°）从而调节放风口大小。一般每亩大棚需安装"天窗"6个，其中棚顶部4个、两头各1个，总材料成本600元。安装后棚膜不需再预留腰风，通过底风、顶风和两端风口即可调节温湿度。

一、应用效果

（1）提高了放风效率，打开天窗 15min 温度就能下降 3℃ 以上，避免早春气温较低期间开底脚风和腰风带来的闪苗问题。

（2）降低了棚内空气湿度，外界湿度 30% 条件下棚内湿度 45%，比放腰风方式降低 35%。

（3）操作简化，每天每亩大棚能节省工时 0.8h。

（4）减轻了棚膜结水珠程度，增加了棚内光照。

（5）只需要打开窗扇，就可以实现大棚的通风换气，从而不会对棚膜造成损伤。

二、相关试验研究

1. 试验方法

曾剑波、马超等对钢架大棚内光照、气温、湿度、土壤水分和土壤温度进行监测比较分析，观察该放风装置对全生育期最大和平均光照强度，最大、最小和平均气温，最大、最小和平均相对湿度，以及最大、最小和平均土壤温度的影响。

2. 结果分析

（1）对光照强度的影响　对比全生育期中每天的平均光照强度变化趋势，发现与每天最大光照强度变化趋势一致，同样在 4 月 28 日以后示范棚（安装）每日的平均光照强度要显著地高于对照棚（未安装），最高可高出 11722lx（见图 6-1、图 6-2）。

（2）对空气温度的影响　全生育期示范棚（安装）与对照棚（未安装）每天的平均空气温度变化趋势基本一致，但总体来看示

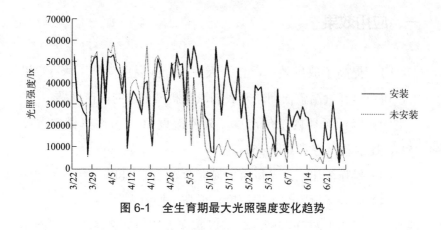

图 6-1　全生育期最大光照强度变化趋势

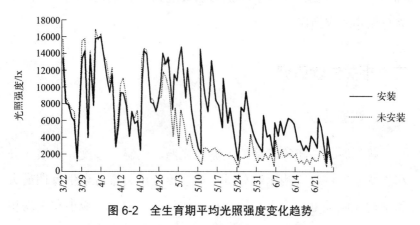

图 6-2　全生育期平均光照强度变化趋势

范棚的单日平均气温要普遍小于对照棚，在 3 月 22 日至 4 月 10 日期间，示范棚的单日平均气温始终小于对照棚，最大差距可达 2.4℃（见图 6-3 ～图 6-5）。

（3）对空气相对湿度的影响　示范棚（安装）与对照棚（未安装）单日的最大空气相对湿度变化趋势和幅度基本一致，但全生育期大部分时间示范棚单日的最大空气相对湿度小于对照棚（见图 6-6）。

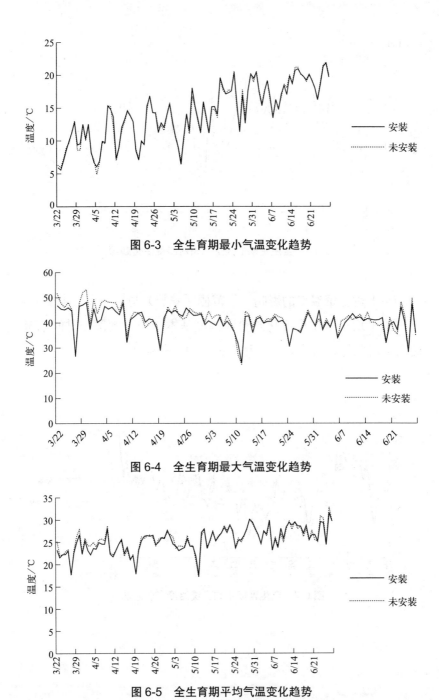

图6-3　全生育期最小气温变化趋势

图6-4　全生育期最大气温变化趋势

图6-5　全生育期平均气温变化趋势

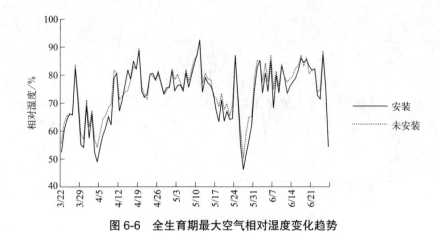

图 6-6　全生育期最大空气相对湿度变化趋势

（4）对土壤温度的影响　示范棚（安装）与对照棚（未安装）单日的平均土壤温度变化趋势和幅度基本一致，大部分时间示范棚高于对照棚，最大差距可达 1.9℃（见图 6-7）。

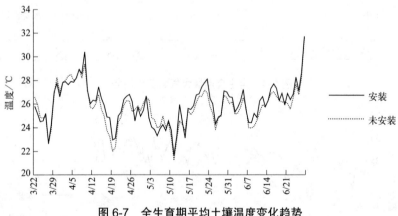

图 6-7　全生育期平均土壤温度变化趋势

第六节　绿色生物防控技术

一、西瓜、甜瓜主要病害种类

西瓜上发生的病害主要有白粉病、疫病、炭疽病、灰霉病、病毒病和根结线虫病等，甜瓜上发生的病害主要有霜霉病、灰霉病、叶斑病、白粉病和细菌性角斑病等。

二、西瓜、甜瓜主要虫害种类

西瓜、甜瓜上主要害虫以蚜虫、蓟马和红蜘蛛为主。北京地区蚜虫发病期为3月底～5月下旬；蓟马发病期为4月上旬～6月下旬；红蜘蛛发病期为5月中上旬～7月中旬。

三、关键技术研究

1.白粉病生物防治技术

白粉病发病初期可叶面喷施50～100倍液的芽孢杆菌混合制剂，连续用药3次，间隔期为5～7d，全生育期施药2～3次，能够持续控害。春秋季棚内，发病初期至中期进行用药，施药2次后，对甜瓜白粉病平均防效可达76.8%。

2.土传病害防治技术

在定植前的10～15d喷施哈茨木霉菌进行苗期处理，间隔期为 5～7d，定植后随水施用哈茨木霉菌和抗重茬菌剂 2 次，间隔期为 7d。西瓜、甜瓜全生育期内能够减少化学药剂使用次数 3～5 次/亩，降低化学药剂用量达 150g/亩。

3. 虫害的绿色防控技术

应用多杀霉素和东亚小花蝽防治蓟马，应用异色瓢虫和东亚小花蝽联合防控蚜虫，应用巴氏新小绥螨与智力小植绥螨联合防治红蜘蛛，平均虫口减退率在 75% 以上，防效达 76.5%。

四、主要技术类型

1. 生态调控技术

采用轮作、土壤消毒、棚室消毒等手段进行病虫害的提前预防工作。

2. 生物防治技术

应用以虫治虫、以螨治螨、以菌治虫、以菌治菌等生物防治关键措施，施用赤眼蜂、捕食螨、蜡质芽孢杆菌和枯草芽孢杆菌等成熟产品和技术进行生物防控。

3. 理化诱控技术

应用性引诱剂、杀虫灯、诱虫板、防虫网和银灰膜驱避害虫。

4. 科学用药技术

（1）病害防治　白粉病用 50% 醚菌酯干悬浮剂 3000 倍液，10% 苯醚甲环唑水溶性粉剂 1000 倍液，40% 氟硅唑乳油 4000 倍防治。炭疽病用 50% 嘧菌酯水分散粒剂 2000～3000 倍液，

250g/L 吡唑醚菌酯乳油 23 ～ 30mL/ 亩防治。蔓枯病可用 48% 嘧菌·百菌清悬浮剂 75 ～ 90mL/ 亩，24% 苯甲·烯肟悬浮剂 30 ～ 40mL/ 亩，40% 苯甲·吡唑酯悬浮剂 20 ～ 30mL/ 亩防治。线虫病可用 10% 噻唑膦颗粒剂、1.8% 阿维菌素乳油 2000 倍液灌根防治。

（2）**虫害防治**　红蜘蛛发病可用 43% 联苯肼酯悬浮剂 3000 倍液，30% 乙唑螨腈悬浮液 4500 倍液等防治。蚜虫可使用 25% 噻虫嗪水分散粒剂 8 ～ 10g/ 亩，5% 吡虫啉可湿性粉剂 10 ～ 20g/ 亩防治。蓟马可用 40% 氟虫·乙多素水分散粒剂 10 ～ 14g/ 亩，10% 溴氰虫酰胺可分散油悬浮剂 33.3 ～ 40mL/ 亩等防治。

五、集成技术示范

1. 种子包衣处理技术集成示范

针对西瓜、甜瓜育苗时种子不发芽、直播发芽率低和种子处理方法不当等问题，研发出适用于有籽西瓜、无籽西瓜和甜瓜的种子包衣处理技术。按照药种质量比 1∶20 进行 3min 的种子包衣处理，可有效地防治西瓜苗期立枯病、根腐病、猝倒病等，提高西瓜幼苗质量。其中有籽西瓜的种子发芽率可达 95.6% 以上，无籽西瓜的种子发芽率可达 70.0% 以上，甜瓜的种子发芽率可达 95% 以上，提高出苗率 5% 左右，降低死苗率 10% 左右。幼苗叶色浓绿，植株根系发达。种子包衣处理后不用进行浸种催芽，可直接播种、长期放置（1 年以上）。此方法省工，可降低劳动强度，减少施药次数，对环境影响小。三年来在北京地区示范面积超过5000 余亩，取得了良好的节药和环保效果，目前种子处理技术已辐射到河北、内蒙古、河南、湖南、上海、浙江、江苏等地区，外地示范推广面积超过 2000 亩。

2. 全程立体绿色防控技术集成示范

集成了西瓜、甜瓜全程立体绿色防控技术，分别针对病害种类和病害传播途径，进行种子、土壤和设施、植株处理，从育苗到采收，全程用药 11 次，其中生物农药 4 次，较常规生产亩施药量降低 16.7%。主要技术要点包括种子处理、无病虫促生育苗、防虫网物理隔离、黄蓝板监测和诱杀、消毒池消毒、生物防治和化学防治等。

通过西瓜、甜瓜全程立体绿色防控技术的集成实现了疑难病害（土传病害和白粉病）的高效绿色防控，平均防效可达 85% 以上；对小型害虫实现了高效的生物防控，生物药剂与生物天敌结合使用，对蚜虫、蓟马和红蜘蛛的平均防效可达 81% 以上。亩减少化学农药用量 35.5 ～ 48g，每亩化学农药施用量为 0.6kg 以内，实现了西瓜、甜瓜病虫害全程绿色防控的目标。三年来该技术已覆盖 7650 亩瓜田，减少农药用量共计 2131kg（表 6-4）。

表 6-4　西瓜、甜瓜全程立体绿色防控技术技术规范

用药时间	用药次数	药剂名称	用药方法	防治对象
播种前 15d	1	种子处理剂	按照药种比 1 : 20 进行种子处理	种传病害
出苗前 5d	1	杀毒矾、噁霉灵	每立方育苗土加入杀毒矾 100g，噁霉灵 4000 倍喷雾	土传病害
嫁接前 2d 和嫁接后 2d	1	农用硫酸链霉素	针对苗床分别喷施一次	气传病害

用药时间	用药次数	药剂名称	用药方法	防治对象
定植当天	2	噁霉灵	根部喷施	土传病害
		阿维菌素	根部注药	根结线虫
定植后 7d	1	嘧菌酯	25%悬浮剂1500倍喷雾	气传病害
定植 26d	2	苯醚甲环唑	10%水分散粒剂1500倍喷雾	气传病害
		吡虫啉	70%喷雾	蚜虫
定植 32d	1	硫酸	熏蒸	气传病害
定植 35d	2	氟硅唑	40%乳油喷药	气传病害
		吡虫啉	70%喷雾	蚜虫

第七节　水肥一体化技术

水肥一体化是借助灌溉系统根据西瓜、甜瓜生长各阶段对养分的需求和土壤养分的供给状况，适时、定量、精准地将肥料与灌溉水输送到西瓜、甜瓜根部土壤，具有省工、节省水肥、优质高效等好处。

一、适用范围

适用于已建设或有条件建设微灌设施、有固定水源、水质好、符合微灌要求的区域，一般要具备施肥设备和储水设施等。

二、系统构成

水肥一体化系统由水源系统、首部枢纽系统、施肥系统、输水管网和灌水器构成。

1. 水源系统

包括地下水、河道水等，水质符合《绿色食品 产地环境质量》（NY/T 391—2021）要求。

2. 首部枢纽系统

包括水泵、过滤器、施肥器、控制设备和监测仪表等。

3. 施肥系统

动力装置一般由水泵和动力机械组成，根据扬程、流量等田间实际情况选择适宜的水泵。肥料可定量投放在田头蓄水池，溶解后随水直接入田。

4. 输水管网

输水管网一般采用三级管网，即主管、支管和滴灌带。

5. 灌水器

采用内镶式滴灌带、薄壁滴灌带或微喷带，滴头间距为20 ～ 40cm。

三、肥料选择

优先选择灌溉施肥专用水溶性肥料，水溶性肥料需符合《水溶性肥料》（HG/T 4365—2012）的要求。包括水溶性复合肥、水溶性微量元素肥、含氨基酸类水溶性肥料、含腐植酸类水溶性肥料等。

四、系统使用维护

1.管路冲洗

使用前应用清水冲洗管路 5 ～ 10min，施肥后再用清水继续灌溉 10 ～ 25min。

2.系统维护

定期保养施肥器，在灌溉过程中如供水中断，应尽快关闭施肥装置进水管阀，防止肥料溶液倒流。

3.滴灌施肥操作

灌溉施肥的程序有一定的先后顺序。先启动施肥机，用清水湿润系统和土壤，再灌溉肥料溶液，最后还要用清水冲洗，预防灌溉系统堵塞，无法正常运转。

五、西瓜水肥需求特点及要求

西瓜整个生长期需氮、钾多，需磷少。施肥上掌握生长前期以氮磷钾平衡肥为主，坐瓜期追施高钾肥为主。西瓜适宜土壤含水量为 60% ～ 80%，整个生育期内有 2 次需水高峰，1 次在伸蔓期，1 次在果实膨大期。生产中西瓜一般浇 1 次底墒水、1 次定植缓苗水、1 ～ 2 次伸蔓水、2 ～ 3 次膨瓜水。如果是在黏壤土中生产西瓜，则可减少浇水次数和数量。

六、甜瓜水肥需求特点及要求

　　甜瓜整个生长期需氮、钾多，需磷少。施肥上掌握生长前期以氮磷钾平衡肥为主，坐瓜期以追施高钾肥为主。甜瓜的不同生育期对土壤水分的要求是不同的，在整个生育期内，果实膨大期为需水高峰期；幼苗期，需水量小；到伸蔓期和开花坐果期逐步增加；坐果后进入果实膨大期需水量为最高峰。生产中甜瓜一般浇 1 次底墒水、1 次定植缓苗水、1～2 次伸蔓水、2～3 次膨瓜水。如果是在黏壤土中生产甜瓜，则可减少浇水次数和数量。

第七章

设施西瓜、甜瓜栽培技术规程

第一节　设施西瓜栽培技术规程

一、设施类型

栽培设施应为温室或塑料拱棚。

二、品种选择

西瓜宜选用优质、高产、抗裂和抗逆性强、商品性好的品种。砧木宜选用亲和力好、抗逆性强、对果实品质无不良影响的品种。

三、栽培技术规程

1. 育苗

（1）**育苗方式**　宜选用穴盘育苗或营养钵育苗。穴盘规格宜为 32 孔或 50 孔，营养钵直径宜为 8～10cm，高度宜为 8～10cm。

（2）**营养土及基质**　营养土宜使用未种过葫芦科作物的无污染园田土和优质腐熟有机肥配制，两者比例宜为 3∶1，加磷酸二铵 1.0kg/m³、50% 多菌灵可湿性粉剂 25g/m³，充分拌匀放置 2～3d 后待用；基质宜为无污染草炭、蛭石和珍珠岩的混合物，加氮磷钾平衡复合肥 1.2kg/m³、50% 多菌灵可湿性粉剂 25g/m³，基质应充分拌匀放置 2～3d 后待用。

（3）**育苗床要求**　将育苗场地地面整平、建床。床宽宜为 100～120cm，深宜为 15～20cm；刮平床面，床壁要直；冬春季宜在床面上铺设 80～120W/m² 电热线，覆土 2cm，土上宜覆盖地布；将穴盘、营养钵排列于地布上；穴盘育苗也可采用高架苗床育苗。

2. 种子处理

未经消毒的种子应采用温汤浸种或药剂消毒处理。无籽西瓜种子宜采用引发和破壳技术处理。处理后的西瓜种子浸泡 4～6h，破壳西瓜种子浸泡时间不应超过 1.5h，南瓜砧木种子浸泡 6～8h，葫芦砧木种子浸泡 24h 后，沥干，于 28～30℃ 恒温下催芽，待 70%～80% 种子露白即可播种。包装注明可直播种子无需浸种与催芽。

3. 播种

（1）**播种期**　春季设施栽培于 12 月上旬至翌年 3 月中旬播种，秋季设施栽培于 6 月上旬至 7 月上旬播种。贴接：接穗子叶出土时播种砧木种子；顶插接：砧木子叶展平时播种接穗种子。

（2）**播种方法**　播种前一天，将营养土或基质浇透；将种子平放胚根向下覆 1.0～2.0cm 的营养土或蛭石；苗床覆膜保湿，高温期遮阳降温。

4. 苗床管理

出苗前白天温度宜为 28 ～ 32℃、夜间温度宜为 17 ～ 20℃。子叶出土后应撤除地膜，并开始通风，白天温度宜为 25 ～ 28℃、夜间温度宜为 15 ～ 18℃。保持营养土或基质相对湿度 60% ～ 80%。

5. 嫁接

（1）**嫁接方法**　宜采用贴接或顶插接嫁接。

（2）**嫁接苗床管理**　嫁接后前 3d 苗床应密闭、遮阴，保持空气相对湿度 95% 以上，白天温度宜为 25 ～ 28℃、夜间温度宜为 18 ～ 20℃；3d 后早晚见光、适当通风；嫁接后 8 ～ 10d 恢复正常管理。及时除去砧木萌芽。定植前 3 ～ 5d 进行炼苗。

6. 定植

（1）**定植前准备**　定植前每亩施充分腐熟有机肥 3000 ～ 4000kg 或商品有机肥 1000 ～ 2000kg、氮磷钾复合肥 40 ～ 50kg，深翻、整平，春季栽培起垄，垄高 15 ～ 20cm，铺设滴灌管或微喷带，覆盖地膜。

（2）**定植**

① 定植时间。穴盘苗宜 2 ～ 3 叶 1 心时定植，营养钵苗宜 3 ～ 4 叶 1 心时定植。春季定植前地温稳定在 15℃、夜间最低气温 10℃以上。春季栽培 2 月上旬～ 4 月中旬定植，秋季栽培 7 月上旬～ 8 月上旬定植。

② 定植密度。小型西瓜吊蔓栽培双蔓整枝 2000 ～ 2300 株 / 亩，三蔓整枝 1400 ～ 1600 株 / 亩。爬地栽培定植密度 750 ～ 1000 株 / 亩。中型西瓜爬地栽培定植密度 600 ～ 750 株 / 亩。无籽

西瓜种植应按 10∶1 配合定植授粉株。

（3）田间管理

① 温度管理。缓苗期白天气温宜为 30 ～ 35℃、夜温宜为 15 ～ 18℃；伸蔓期白天气温宜为 28 ～ 32℃、夜温宜为 15 ～ 18℃；坐果期白天气温宜为 28 ～ 35℃、夜温宜为 18 ～ 20℃。

② 水肥管理。分别于定植期、缓苗期、伸蔓期各灌水 1 次，每次灌水量 8 ～ 10m³/ 亩。果实膨大期灌水 3 ～ 4 次，每次灌水量 15 ～ 20m³/ 亩。采收前 5 ～ 7d 停止灌溉。

果实膨大期随灌水追施低氮高钾水溶肥（总养分含量 ≥ 50%），每次 5 ～ 8kg/ 亩，不宜使用含氯肥料。

③ 植株调整。小型西瓜"一主一侧"双蔓整枝，留主蔓，选留基部 1 条健壮子蔓作为侧蔓，及时去除其余侧蔓。主蔓 30 片叶左右时打顶，选留第二、三节雌花留果。小型西瓜三蔓整枝，留主蔓，选留基部 2 条健壮子蔓作为侧蔓，及时去除其余侧蔓。主蔓 30 片叶左右时打顶，选留主、侧蔓花期相近的第二、三节雌花留果。中型西瓜采用三蔓整枝，留主蔓，选留基部 2 条健壮子蔓作为侧蔓，宜选留主蔓第三节雌花留果。

（4）授粉与留果

① 授粉。人工授粉：应上午授粉，采摘当天开放的雄花，去掉花瓣后将花粉涂抹在结实花柱头上，并做授粉日期标记。蜂授粉：每亩用熊蜂或蜜蜂一箱，蜂箱放置于设施中部，风口需增加防虫网。

② 留果。当幼瓜长至鸡蛋大时，选留果大、周正、无病虫伤的果实，摘除畸形果。单株留多果时宜选留大小一致的果实。

7. 病虫害防治

应优先采用农业防治、物理防治和生物防治措施，合理使用化学防治措施。

（1）**农业防治**　实行 3～4 年倒茬轮作；选用抗病品种；嫁接栽培；合理整枝；通风降湿；采用膜下滴灌或膜下微喷；及时摘除病叶、病果。

（2）**物理防治**　高温闷棚；日光晒种；温汤浸种；使用防虫网；悬挂色板。

（3）**生物防治**　利用捕食螨、丽蚜小蜂等天敌及生物农药进行相关病虫害防治。

（4）**化学防治**　喷雾防治宜在晴天上午进行，注意轮换用药，合理混用。

8. 采收要求

根据授粉日期标记、品种熟性及成熟果实的固有色泽和花纹等特征，确定果实的成熟度。本地销售的果实宜九成熟，外埠销售的果实宜八至九成熟。宜清晨或傍晚采摘。

第二节　设施甜瓜栽培技术规程

一、产地环境

应符合 NY/T 5010—2016《无公害农产品 种植业产地环境条件》的规定，宜选择地势高燥、排灌方便、土层深厚、疏松肥沃的沙壤土或壤土。

二、栽培技术规程

1. 设施类型

栽培设施应为温室或塑料拱棚。

2. 品种选择

宜选用优质、高产、抗病性和抗逆性强、商品性好的品种。砧木应选用亲和力好、抗逆性强、对果实品质无不良影响的品种。种子质量应符合 GB 16715.1—2010《瓜类作物种子　第 1 部分：瓜类》的规定。

3. 育苗

（1）育苗

① 育苗方式。宜选用穴盘育苗或营养钵育苗。穴盘规格宜为 50 孔或 72 孔，营养钵直径宜为 8～10cm、高度宜为 8～10cm。

② 营养土及基质准备。营养土宜使用未种过葫芦科作物的无污染园田土、优质腐熟有机肥配制，园田土与有机肥比例宜为 3：1，加磷酸二铵 1.0kg/m³、50% 多菌灵可湿性粉剂 25g/m³，充分拌匀放置 2～3d 后待用；基质宜为无污染草炭、蛭石和珍珠岩的混合物，比例宜为 7：4：3，加氮磷钾平衡复合肥 1.2kg/m³、50% 多菌灵可湿性粉剂 25g/m³，充分拌匀放置 2～3d 后待用。

（2）育苗床准备
将育苗场地地面整平、建床。床宽宜为 100～120cm，深宜为 15～20cm；刮平床面，床壁要直；冬春季宜在床面上铺设 80～120W/m² 电热线，覆土 2cm，土上宜覆盖地布；将穴盘、营养钵排列于地布上。

（3）种子处理
未经消毒的种子宜采用温汤浸种或药剂消毒

处理。

（4）**浸种与催芽** 处理后的种子浸泡4～6h后沥干，于28～30℃恒温下催芽，待70%～80%种子露白即可播种。包装注明可直播种子无需浸种与催芽。

（5）**播种** 春季设施栽培宜于12月中旬至翌年3月中旬播种，秋季设施栽培宜于7月上旬播种。播种方法：播种前一天，将营养土或基质浇透；将种子平放后覆1.0～2.0cm厚营养土或蛭石；苗床覆膜保湿。

（6）**苗床管理** 出苗前白天温度宜为28～32℃、夜间温度宜为17～20℃。子叶出土后应撤除地膜，并开始通风，白天温度宜为25～28℃、夜间温度宜为15～18℃。保持营养土或基质相对湿度为60%～80%。定植前3～5d进行炼苗。

4. 嫁接

（1）**砧木育苗** 接穗子叶出土至子叶展平时播种砧木种子。播种前浸种时间为6～8h。

（2）**嫁接方法** 宜采用贴接法嫁接。

（3）**嫁接苗床管理** 嫁接后前3d苗床应密闭、遮阳，保持空气相对湿度95%以上，白天温度宜为25～28℃、夜间温度宜为18～20℃；3d后早晚见光、适当通风；嫁接后8～10d恢复正常管理。及时除去砧木萌芽。

5. 定植

（1）**定植前准备** 定植前每亩施充分腐熟有机肥3000～4000kg或商品有机肥1000～2000kg、氮磷钾复合肥40～50kg，深翻、整平、起垄，垄高15～20cm，铺设滴灌管，覆盖地膜。肥料使用应符合NY/T 496—2010《肥料合理使用准则　通则》的规定。

（2）**定植**　幼苗2叶1心至3叶1心时定植。春季定植前地温应稳定通过13℃、夜间最低气温应为10℃以上。春季栽培于2月上旬～4月中旬定植，秋季栽培于7月下旬～8月上旬定植。吊蔓单蔓整枝栽培定植密度宜为1800～2200株/亩。爬地多蔓整枝栽培定植密度宜为800～1000株/亩。

6. 田间管理

（1）**温度管理**　缓苗期白天气温宜为30～35℃、夜温宜为20℃以上；茎蔓生长期白天气温宜为25～32℃、夜温宜为14～16℃；授粉期白天气温宜为22～28℃、夜温宜为15～18℃；果实膨大期白天气温宜为25～35℃、夜温宜为15～18℃；果实发育后期白天气温宜为28～30℃、夜温宜为15～20℃。

（2）**水肥管理**

① 灌溉。分别于定植期、缓苗期、伸蔓期各灌水1次，每次灌水量6～8m³，果实膨大期灌水2～3次，每次灌水量15～20m³，采收前5～7d停止灌溉。

② 追肥。在果实膨大期随灌水追施低氮高钾水溶肥，每次5～8kg/亩，不宜使用含氯肥料。

（3）**植株调整**　宜在晴天进行。吊蔓栽培宜采用单蔓整枝；爬地栽培宜采用多蔓整枝。单蔓整枝时，薄皮甜瓜单蔓整枝宜在主蔓25～30节摘心，主蔓7～11节的子蔓留第一批果，16～20节的子蔓留第二批果，每批留3～5果，其余子蔓全部摘除；厚皮甜瓜主蔓20～25节摘心，8～14节的子蔓坐果，每株留1～2果，其余子蔓全部摘除；多蔓整枝时，甜瓜主蔓4叶1心时摘心，选留3～4条健壮子蔓，选留子蔓6～8节摘心，子蔓2～4节的孙蔓坐果，每蔓留1～2果，其余孙蔓及时摘除。

（4）**授粉** 人工授粉：应上午授粉，采摘当天开放的雄花，去掉花瓣后将花粉涂抹在结实花柱头上，并做授粉日期标记。蜂授粉：雌花开放前 2～3d，每亩用熊蜂或蜜蜂一箱，蜂箱放置于设施中部。

7. 病虫害防治

（1）**农业防治** 实行 3～4 年倒茬轮作，合理整枝，通风降湿，采用膜下滴灌或膜下微喷，及时摘除病叶、病果。

（2）**物理防治** 晒垡冻垡，日光晒种，温汤浸种，使用防虫网，铺设银灰地膜，悬挂黄板等。

（3）**化学防治** 宜在晴天上午进行喷雾防治，注意轮换用药，合理混用。应按照 NY/T 1276—2007《农药安全使用规范总则》的规定执行。

（4）**生物防治** 利用捕食螨、丽蚜小蜂等天敌及生物农药进行相关病虫害防治。

8. 采收要求

根据授粉日期标记、品种熟性及成熟果实的固有色泽、花纹、香味等特征，确定果实的成熟度。就地销售的果实宜九成熟时，于清晨露水干后采摘；外埠销售的果实宜八至九成熟时，于傍晚采摘。厚皮甜瓜宜保留"T"字形果柄。

第八章

北京地区西瓜、甜瓜主要栽培模式

第一节　小型西瓜高密度优质吊蔓栽培技术

小型西瓜具有含糖量高、品质优良的优点，符合市民消费需求，适合小家庭食用。2022 年，北京地区小型西瓜平均单价水平较2019 年增加 25%，面积占比由 2019 年的 44.53% 上升到 2022 年的 73.06%，已成为北京西瓜的支柱产业。小型西瓜高密度优质吊蔓栽培技术也成为主产区的主要栽培技术模式。该种植技术具有良好的示范推广价值，其关键技术点为单行高密度种植，单蔓或"两蔓一绳"整枝方式，双幕覆盖提温，菌肥施用提温，"膜下微喷"水肥一体化，二茬瓜连茬坐果。主要关键技术点如下。

一、设施要求和保温措施

1. 设施

大棚为标准钢架结构，顶高 3.6m、东西宽 10m、南北长 58m。

在两侧棚门内侧 2m 高处，东西横向每隔 3m 对拉 19 根细铁丝，再将细铁丝固定在棚架上；南北纵向每隔 1.3m 对拉 8 根细铁丝，再将细铁丝固定在横向铁丝上。南北纵向共 8 道，可吊 8 行西瓜。棚膜选用正规厂家生产的无滴 PO 薄膜，利于透光和升温保温，棚膜顶部和两侧均能通风。

2. 保温增温设施

覆盖薄膜宜采用 2m 宽、0.014mm 厚的聚乙烯无滴膜。幕的骨架由吊瓜的铁丝搭建而成，每层幕单独搭建。外幕拱架要距棚顶 30cm 以上，内幕拱顶高度以成人能伸手够到为宜。两幕的膜间距离要大于 15cm，这样既利于保温，又能防止薄膜粘连，影响保温效果。双幕四周近地处薄膜用土盖严。每块薄膜间用夹嘴约 1cm 宽的塑料夹连接。

二、品种选择

高密度吊蔓种植一般选取早熟、易坐果、耐低温弱光、丰产优质的小型西瓜品种，例如超越梦想、L600、京美 2K 和京彩 1 号等。砧木宜选择与西瓜亲和性好的品种，例如京欣砧 2 号、京欣砧 4 号、甬砧 3 号等。

三、关键栽培技术环节

1. 前期准备工作

选择加温温室中部采光好、无病害的地块育苗。12 月到翌年 1 月之间做好育苗前准备工作。扣棚膜，作畦铺设电热线。准备基质和育苗土。

2. 浸种催芽

将砧木和接穗种子浸泡在 55℃ 左右的水中，搅拌至水温在 30℃ 左右，其中砧木浸种 4h，接穗浸种 6 ～ 8h。放入催芽箱，保持温度在 28 ～ 32℃ 之间，每 6h 翻一下，并且及时补水。

3. 播种

有 70% 左右的种子露白时，开始播种。砧木于 2 月初播种，隔 4 ～ 5d 后播接穗籽。播种前一天装好土或者基质，浇透水。其中砧木每个营养钵播 1 粒，接穗每个育苗盘播 400 ～ 500 粒，上面覆潮细沙土 1cm，温度控制在 32 ～ 35℃。苗子露头后，白天温度控制在 26 ～ 28℃，夜间温度控制在 15 ～ 18℃。

4. 嫁接与苗期管理

当砧木 1 叶 1 心、接穗 2 子叶展平时，采用贴接法进行嫁接。

嫁接后 1 ～ 3d：嫁接后立即将嫁接苗放入苗床，采用黑色地膜平铺覆盖瓜苗，起到保温遮光的作用，保持封闭状态，空气湿度保持在 90% 以上。温度白天控制在 25 ～ 30℃，夜间 18 ～ 20℃。

嫁接后 4 ～ 7d：去除膜上水珠，每天早晚适当放风，逐渐增加光照，放风时间长短以西瓜苗不发生萎蔫为准。

嫁接 7d 后：一般嫁接一周后，伤口开始愈合可逐渐延长见光时间，此时适当降低温度，白天 20 ～ 28℃，夜间不低于 15℃。当西瓜新叶开始生长标志着嫁接成活，即进入正常管理阶段。此时应见干见湿补充水分，及时去除砧木上萌生的不定芽；适时倒苗，一般嫁接后 10d、定植前 7d 分别倒苗一次，以保证幼苗整齐性；定植前一周炼苗，将温度控制在白天 20℃ 左右，夜间 10 ～ 12℃。

5. 定植

（1）精施底肥　在定植前一个月扣好大棚，大棚东西两边的风口下围覆双层棚膜，以利于保温。施肥时间应比定植时间至少提前 15d，一般为 2 月下旬整地施肥入沟，并架设"二道幕"。每亩施充分腐熟的鸡粪 6 ～ 7m³ 或商品有机肥 1000 ～ 1500kg，复合肥 20 ～ 40kg，微生物菌剂 10 ～ 20kg。

（2）起垄作畦　定植前一周起垄作畦，根据棚宽决定作畦数量，一般 10 ～ 11m 宽的大棚，采用南北向作 8 垄小高畦，畦宽 40 ～ 60cm，高 15 ～ 20cm，间距 0.9 ～ 1.0m，距小高畦中心 5cm 处铺膜下微喷带 1 根，然后铺宽 90cm 的黑色地膜。

（3）合理密植　定植时间为 2 月中下旬～ 3 月中上旬，棚内地温达 10℃以上时，瓜苗 3 叶 1 心时定植。可采用地膜＋拱棚＋保温被＋二道幕＋大棚等多层覆盖保温提温方式，在小高畦中心单行定植，株距 20 ～ 30cm，每亩定植株数可达 2000 ～ 2500 株，选晴天上午定植，把苗从基质或营养钵取出，移入当天打好的定植穴中，穴内事先放好西瓜专用缓释农药"一株一片"。7d 后待晴天时浇缓苗水。

6. 田间管理

（1）温湿度管理

① 缓苗期（7d 左右）。以保温为主，保持大棚封闭状态，保持日温 25 ～ 30℃，夜温 10℃以上，中午温度高于 30℃时可揭拱棚膜适当放风，当夜温稳定在 10℃以上时可去掉小拱棚。此时保持"双幕"封闭直至缓苗结束。

② 伸蔓期。日温保持 28 ～ 30℃，夜温保持在 12℃以上，主要依靠调控大棚两个侧风口和"双幕"风口控温。通风遵循原则

是："先内后外"即前期气温较低时，仅撤去棚内"双幕"夹子放风，后期气温高时，在撤去"二道幕"夹子的同时，打开大棚两个侧风口放风。当夜温稳定在15℃以上时，撤去"二道幕"。

③ 坐果期。坐果前期日温保持在28 ～ 35℃之间，夜温保持为18 ～ 20℃，以保证植株正常开花结果；后期日温仍保持在28 ～ 35℃之间，但适当降低夜温，以15 ～ 18℃适宜，以减少夜间养分消耗，加速果实膨大。以后随着气温升高，逐渐加大通风时间和通风量，当夜间气温在15℃以上时可不关风口。当棚温在40℃以上时应加盖遮阳网遮光降温，防止植株早衰，以延长采收期。

（2）水肥管理

高密度栽培对水、肥的需求高于普通栽培，水肥管理遵循"前控、中促、后保"原则。

① 水分管理。定植前2 ～ 3d每亩灌溉洇地水30m³，定植后到授粉期，土壤不干不浇水，保持瓜秧根际潮湿即可，达到控水壮秧的目的。建议分别于定植期、缓苗期、伸蔓期各灌水1次，每次灌水量为8 ～ 10m³/亩。果实膨大期灌水3 ～ 4次，每次灌水量为15 ～ 20m³/亩。采收前5 ～ 7d停止灌溉。

② 肥料管理。伸蔓肥要轻施，要根据植株长势进行，若植株长势强，可不施；若植株长势较弱，可少施。具体做法是：在瓜苗团棵期结束，进入伸蔓期时，每亩随水追施"平衡生长型"的全水溶性肥料3 ～ 5kg（有效成分含量：氮20%、磷20%、钾20%）；待西瓜坐住后至鸡蛋大小时，每亩随膨瓜水冲施"平衡生长型"的全水溶性肥料（有效成分含量：氮20%、磷20%、钾20%）8 ～ 10kg；此后每隔5 ～ 7d，每亩随水冲施"高钾型"的全水溶性肥料（有效成分：氮16%、磷8%、钾34%）5 ～ 8kg。二茬果分别在坐果期和果实膨大期再追施等量水肥1次。每茬瓜在采收前一周要停止水肥供应。

7. 整枝

可采用单主蔓或双蔓整枝方式。如采用单主蔓结瓜，不掐尖，结果后也应及时整枝打杈，以方便留二茬果；如采用双蔓整枝可采用"一主一侧"整枝方式。具体方法是头茬瓜只主蔓结瓜，侧蔓供养，一棵秧留一个瓜。当主蔓长至80cm时开始吊蔓。除留主蔓外，再选留基部1条健壮子蔓作为侧蔓。当侧蔓长至50cm时绕在主蔓底部以提高种植密度，侧蔓头茬不结瓜仅作为营养枝，20片叶左右时掐尖，以减少主蔓坐果期的营养消耗，提早头茬瓜上市时间。

8. 保花保果

（1）**授粉方式** 选用蜜蜂授粉方式，授粉前15d严禁施用药剂，授粉前3～5d于傍晚将蜂箱搬进大棚；一般1个600～700m² 的西瓜设施大棚配置1箱授粉蜂群。头茬瓜应选取主蔓第二、三朵雌花进行授粉，由于早春气温低、坐瓜难，在蜜蜂授粉外，可适当喷施坐果灵以提高坐瓜率。授粉后做好标记，标明授粉日期。

（2）**植株管理** 西瓜定植时要保证大小苗一致，以确保开花集中，有利于授粉，并在开花坐果前少量浇水。当西瓜坐果后，选留主蔓上果形周正、刚毛分布均匀的西瓜，及时摘除畸形果，以减少养分消耗，头茬瓜每棵瓜秧选留1个瓜。

9. 病虫害防治

遵循"预防为主、综合防治"的原则，做到勤观察、早预防。苗期主要病害有立枯病、猝倒病和枯萎病等。后期主要病害有蔓枯病、枯萎病、病毒病和白粉病等；主要虫害有红蜘蛛、蚜虫和粉虱等。病害可选用75%百菌清可湿性粉剂600倍液，50%甲基硫菌灵（甲基托布津）可湿性粉剂600倍液，15%三唑酮（粉锈宁）可湿性粉剂 200 倍液，10% 苯醚甲环唑（世高）水分散粒剂 1000 倍液，50% 醚菌酯（翠贝）干悬浮剂 600 倍液和瑞毒霉等药剂综合防治；蚜虫和粉虱的防治可施用"一特片"缓释药剂、喷施 50% 吡虫啉（避蚜雾）可湿性粉剂 2000 倍液，并同时悬挂黄板、蓝板；红蜘蛛防治可喷施 20% 阿维菌素（扫螨净）可湿性粉剂 1500 倍液。

10. 及时采收

头茬瓜授粉后约 35 ～ 40d 成熟，5 月中下旬集中上市，二茬瓜授粉后约 25d 成熟，一般在 6 月中下旬成熟，二茬瓜皮薄、易裂，一般在八九成熟时采收。采收时应根据授粉标记分期分批采收。采收后及时分级，包装上市。

四、相关试验研究

马超、曾剑波等研究发现在高密度种植模式下，每亩定植 2300 株，亩产量最高为 4327.86kg，中心含糖量最高，达到 13.20%，均高于其他栽培密度，并且该密度下始收期较早，坐果率为 109.4%，单果重最高为 1.72kg，畸形果率较低为 0.78%。由此可见在该种植模式下，每亩定植 2300 株为最佳栽培密度。

马超、曾剑波等研究发现，在"两蔓一绳"高密度种植模式下，采用"一主蔓一侧蔓"单行定植的种植模式，始收期最早，坐果率为 108.1%，单果重最高为 1.56kg，畸形果率最低为 92%，每亩的产量最高为 3878.1kg，并且中心含糖量最高，达到 13.10%。由此可见在高密度的种植模式下，采用"一主蔓一侧蔓"单行定植优势明显。

曾剑波、马超等研究发现，在"两蔓一绳"高密度栽培种植模式下，分别在西瓜定植期、伸蔓期和坐果期，每株追施浓度为 1mL/L 的生根剂 100μL，西瓜产量最高，为 3436.63kg/ 亩，中心含糖量最高达 13.37%，应用效果明显，为小型西瓜高密度栽培技术规范化生产提供依据。

刘雪莹、祝宁等研究发现，采用"穿洞引线"吊蔓方式，可以同时进行吊蔓和整枝两项工作，减少了下蹲和扒开叶片的动作，省力省时，平均每株操作时长 60s。与传统吊蔓技术相比，吊蔓时间可缩短 33.3%，商品果率提高 11.2%。

第二节　中型西瓜长季节栽培技术

西瓜长季节栽培技术是浙江瓜农在生产实践中总结出的省工节本高效的生产技术，该技术具有延长供应期、品质好、效益高等优点。北京地区的西瓜长季节生产也是以中型西瓜为主，主要在昌平和延庆地区，生产面积约 4000 亩。7 月上旬即可采收第一批，正好处于北京本地西瓜空档期，实现错时上市，同时采收期长，可从 7 月持续到 10 月，全程采收 3 ～ 4 批，亩产量达 5000 ～ 6000kg，亩产值达 20000 ～ 30000 元，经济效益显著。现将北京地区春大棚中型西瓜长季节栽培技术要点进行归纳总结，供种植者参考。

一、标准瓜园的建立

1. 园址的选择

宜选地势高、排灌方便、土层深厚、疏松肥沃的沙壤土或壤土，灌溉水须符合 GB 5084—2021《农田灌溉水质标准》要求。如自根苗种植，建议选用 5 年以上未种瓜类作物的田块。

2. 瓜园处理

前作采收后灌水或灌水闷棚 20～30d。自根西瓜栽培，基肥每亩用腐熟有机肥 1000kg、三元复合肥 30～50kg、中量元素钙镁肥 20～30kg、硫酸钾 10～15kg。嫁接西瓜栽培，因嫁接西瓜根系发达，吸肥水能力强，基肥用量可以比自根西瓜少，每亩用腐熟有机肥 1000kg、三元复合肥 10～20kg、中量元素钙镁肥 10～20kg、硫酸钾 5～10kg。

3. 设施要求

（1）**年年更换新膜**　由于长季节栽培下西瓜生育期较长，因而对棚膜等要求较高，及时更换新膜一方面可以增强植株光合作用，提高品质和产量；另一方面可以保持膜的"无滴"效果，有效减少棚内湿度，预防病害的发生。

（2）**三膜覆盖、全程避雨**　长季节栽培过程中，前期为提高温度，采用地膜、小拱棚、棚膜三膜一体的覆盖模式，后期待棚内温度升高时撤去小拱棚，而后始终保留地膜和棚膜，保证整个生育期期间全程避雨，减少病害的发生。具体方法为平畦两边各留 30～35cm 压膜，搭建高 1.8～2m、跨度 6m 左右的棚，覆盖 PE 无滴膜。每个大棚内做成 2 畦，各在中间栽 1 行西瓜，用农膜直接覆盖压紧，靠两头通风，因此大棚不能过长，以 25～28m 为宜，最长不超过 30m。移栽前 7d 栽培畦铺设微喷带 2 根，然后覆盖地膜。定植后，按种植畦搭建高 0.6～0.8m、跨度 1m 左右的小拱棚，覆盖无滴膜。若气温低于 5℃，在大棚内增搭高 1.4～1.5m、跨度 5m 的二道幕。

（3）**棚口对流通风** 为了节约开闭风口时间，长季节栽培的竹架大棚，不设上风口和地风口，而是在南北向棚口处各悬挂一层地膜作帘，通过改变帘口空隙的大小来控制通风量，简单方便。

（4）**膜下微喷带水肥一体** 采用微喷带水肥一体可减少常规大水漫灌、人工撒肥的用工，并解决滴灌浇水施肥造成的施水时间长和出水孔易堵塞的问题，并且能快速供给植株水分，保证各点施水肥均匀。

（5）**整地作畦** 精细整畦，平畦宽 6～7m，中间开操作沟宽 30cm、深 15cm，成两行种植畦，各宽 2.5～3m，四周排水沟深 60～80cm、宽 30～50cm。

二、品种要求

应选择瓜码较密、低温、高温条件下均坐果良好的中型西瓜品种，当前北京地区表现较适宜的品种有"早佳 8424""美都""京嘉 301"等。砧木选用抗逆性强的"甬砧 3 号""京欣砧 4 号""青研砧 1 号"等耐热性强、越夏不易早衰的品种。

三、关键栽培技术环节

1. 嫁接苗管理

因为北京地区长季节栽培主要在昌平、延庆等冷凉地区，因此播种期较晚。如采用嫁接苗，一般在 2 月底至 3 月上旬选晴天在大棚内播种，建议采用直径 8cm 的塑料营养钵进行电热线温床育苗。接穗比砧木约提早 7d 播种。接穗子叶转绿色即可嫁接，宜采用贴接法。嫁接后气温低时，采用电热线加温，气温高时用遮阳网覆盖降温。湿度要求饱和，以嫁接苗床上小棚膜面出现小水珠为宜。嫁接后 1 ～ 3d：嫁接后立即将嫁接苗放入苗床，采用黑色地膜平铺覆盖瓜苗，起到保温遮光的作用，保持封闭状态，空气湿度保持在 90% 以上。温度白天控制在 25 ～ 30℃，夜间 18 ～ 20℃。嫁接后 4 ～ 7d：去除膜上水珠，每天早晚适当放风，逐渐增加光照，放风时间长短以西瓜苗不发生萎蔫为准。嫁接 7d 后：一般嫁接一周后，伤口开始愈合可逐渐延长见光时间，此时适当降低温度，白天 20 ～ 28℃，夜间不低于 15℃。当西瓜新叶开始生长标志着嫁接成活，即进入正常管理阶段。此时应见干见湿补充水分，及时去除砧木上萌生的不定芽；适时倒苗，一般嫁接后 10d、定植前 7d 分别倒苗一次，以保证幼苗整齐性；定植前一周炼苗，将温度控制在白天 20℃左右，夜间 10 ～ 12℃。

2. 定植时间

当瓜苗 3 叶 1 心至 4 叶 1 心时，棚内 10cm 地温稳定通过 10℃以上、棚温 20℃以上，土壤水分以手捏成团、落地开花为宜。昌平地区宜选在 3 月底～ 4 月上旬定植，延庆地区宜选在 4 月中下旬定植。

3. 定植密度

采用自根苗或嫁接苗地爬栽培。长季节栽培要保证植株的通风受光良好，因而适宜稀植，自根苗株行距为（2 ～ 2.5）m×（0.45 ～ 0.5）m，每亩栽植 450 ～ 500 株。嫁接苗株行距为（2 ～ 3）m×（0.45 ～ 0.5）m，每亩栽植 550 ～ 600 株。

4. 定植方法

定植前先用打钵机在畦中央开种植穴，每畦种植一行。然后将瓜苗带土放入种植穴，嫁接西瓜适当浅栽，嫁接愈合处离畦面 3cm 以上。边定植边施定根水，定植后用生根剂 1500 倍液 500mL 与 500 倍多菌灵或霜霉威盐酸盐混合液浇根。定植后覆盖小拱棚，如持续低温阴雨可大棚与小拱棚间搭建二道幕，或在小拱棚上覆盖保温被，以提高保温效果。

四、田间管理

1. CO_2 施肥

每亩均匀吊挂"金凌爽"等 CO_2 气肥 20 袋（约 2kg），有效期约 30d，一个生长季共施用 2 次（约 4kg）即可。

2. 温湿度管理

（1）缓苗期　定植后 5 ～ 7d 以保温为主，保持大棚封闭状态，保持小拱棚内温度在 32 ～ 35℃，夜温 10℃以上。缓苗后，温度可适当降低到 28 ～ 32℃。中午温度高于 35℃时可揭拱棚膜适当放风。

（2）伸蔓期　日温保持 28 ～ 32℃，夜温保持在 12℃以上。棚温超过 32℃，选择背风处通风降温，下午早关风口，棚温 30℃左右即可关闭通风口。阴天和夜间仍以覆盖保温为主，保持棚内夜温 12℃以上。当夜温稳定在 15℃以上时，可揭去小拱棚膜。

（3）结果期　坐果前期日温保持在 28 ～ 35℃之间，夜温保持在 18 ～ 20℃，以保证植株正常开花结果；后期日温保持在 30 ～ 35℃之间，但适当降低夜温，以 15 ～ 18℃适宜，以减少夜间养分消耗，加速果实膨大。以后随着气温升高，逐渐加大通风时间和通风量，当夜间气温在 15℃以上时可不关风口。当棚温超过 35℃时，可应用两头开膜及棚中间开边窗降温，当棚温在 40℃

以上时应加盖遮阳网或在棚膜上涂抹泥浆遮光降温，防止植株早衰，以延长采收期。

3. 水肥管理

（1）水分管理 遵循"前控、中促、后保"原则。定植前2～3d每亩灌溉洇地水 $30m^3$。

① 缓苗期。在洇地水浇足的前提下，土壤不干不浇水，保持瓜秧根际潮湿即可，达到控水壮秧的目的。如种植地为沙壤地，土壤缺水时可浇 1～2 次缓苗水，灌水量为 3～$5m^3$/ 亩。

② 伸蔓期。根据土壤状况，一般在授粉前 5～7d 适当浇水，灌水量为 5～$8m^3$/ 亩，浇水应在整枝打杈后进行，以避免植株徒长，影响坐果。

③ 结果期。当西瓜鸡蛋大小时开始浇第 1 次膨瓜水，结果期灌水 3～4 次，灌水量为 15～$20m^3$/ 亩，间隔时间为 7～10d。采收前 7d 停止浇水，以提高含糖量。二茬、三茬、四茬果结果期浇水策略与头茬瓜一致。为了避免白粉病、叶枯病、红蜘蛛等病虫害发生，要增加通风时间和通风量，降低棚室温度和湿度。

（2）肥料管理

① 缓苗期。以保温为主，一般不需要浇肥，如发现有瓜苗萎蔫现象，晴天每株浇 100 倍液根聚地生根剂（矿源黄腐酸 $\geq 50g/L$，海藻酸 $\geq 30g/L$）500mL。

② 伸蔓期。根据植株长势决定施肥用量，一般在授粉前7～10d，每亩随水追施"雅冉"水溶性肥料（有效成分含量：氮15%、磷 15%、钾 15%）5～8kg，施肥应在整枝打杈后进行，以避免植株徒长，影响坐果。

③ 结果期。幼瓜鸡蛋大时施第 1 次膨瓜肥，每亩随水施"雅冉"平衡性全水溶性肥料（有效成分含量：氮 15%、磷 15%、

钾15%）8～10kg、钙镁等中量元素全水溶肥（有效成分含量：Ca+Mg≥10%）5kg，此后每隔7～10d，每亩随水冲施"雅冉"高钾型的全水溶性肥料（有效成分含量：氮11%、磷8%、钾21%）8～10kg，钙镁等中量元素全水溶肥（有效成分含量：Ca+Mg≥10%）5kg。每茬瓜在采收前一周要停止水肥供应。二茬、三茬、四茬果分别在坐果期和果实膨大期再追施等量水肥1次。生长期内要保证氮磷钾肥合理供应。

第一批瓜采后，不要急于坐第二批瓜，应施1次植株恢复肥，施1次"雅冉"平衡性全水溶性肥料（有效成分含量：氮15%、磷15%、钾15%）8～10kg，钙镁等中量元素全水溶肥（有效成分含量：Ca+Mg≥10%）5kg，每株浇100倍液根聚地生根剂（矿源黄腐酸≥50g/L，海藻酸≥30g/L）500mL。二茬瓜结果期正处于夏季，应适当加强肥水的供应，缩短施肥间隔时间，施肥时用水量要比春、秋季大，肥液要稀释至合适浓度后使用。

4. 植株调整

定植后3～5d应及时检查瓜苗成活情况，出现死苗立即补栽。发现砧木萌生芽或藤蔓要及早去除。当缓苗结束后，主蔓4～5片叶时摘尖，在植株基部留两条侧蔓留瓜，采用两条侧蔓整枝法。定蔓后，及时整枝、理蔓，两侧蔓在相反方向，坐瓜蔓在棚中间。整枝不能一步到位，要分次整，以免伤根，每隔4～5d整枝1次，每次整1～2个侧蔓，坐瓜后不再整枝。

5. 保花保果

（1）授粉方式　可选用蜜蜂授粉方式、人工授粉方式。应选取侧蔓第二、三朵雌花进行授粉，由于早春气温低、坐瓜难，在蜜蜂授粉或人工授粉外，可适当喷施坐果灵以提高坐瓜率。授粉后做好标记，标明授粉日期。

（2）**植株管理**　西瓜生长过程中必须及时整枝打杈，避免西瓜疯秧、跑秧，导致雌花稀、花粉少，影响坐果。西瓜定植时要保证大小苗一致，以确保开花集中，有利于授粉。在开花坐果前应少量浇水，避免授粉过程中因干旱补水，影响坐果。当西瓜坐果后，选留主蔓上果形周正、刚毛分布均匀的西瓜，及时摘除畸形果，以减少养分消耗，头茬瓜每棵瓜秧选留1个瓜。

6. 整枝留果方式

待主蔓长到3～4片真叶时掐去主蔓生长点，留生长势相对一致的2条侧蔓，第一茬瓜一般选留第二、三雌花授粉留瓜，每株留1瓜。第二茬瓜每株留2个大小一致的瓜，第3茬以后根据植株具体长势情况来进行授粉、选留。

7. 病虫害防治

遵循"预防为主、综合防治"的原则。田间主要病害是白粉病、炭疽病、蔓枯病、根结线虫病。其中白粉病用50%醚菌酯（翠贝）干悬浮剂3000倍液，10%苯醚甲环唑（世高）可湿性粉剂1000倍液，40%氟硅唑（福星）乳油4000倍液防治；炭疽病用10%苯醚甲环唑（世高）可分散粒剂800～1000倍液，75%百菌清（达科宁）可湿性粉剂400～500倍液，25%嘧菌酯（阿米西达）悬浮剂1250～1500倍液。蔓枯病可用10%苯醚甲环唑（世高）1000倍液、75%代森锰锌（猛杀生）水分散粒剂600～800倍液，50%多菌灵可湿性粉剂600倍液或20%烯肟·戊唑醇（爱可）悬浮剂1500倍液涂抹患处。线虫病可用10%噻唑膦（福气多）颗粒剂、1.8%阿维菌素乳油2000倍液灌根防治。

田间主要虫害是红蜘蛛、蚜虫、蓟马。其中红蜘蛛发病，可用 1% 阿维菌素（虫螨杀星）1500 倍液，5% 噻螨酮乳油 1500 倍液和 43% 联苯肼酯悬浮剂 3000 倍液等防治。蚜虫发病初期可使用异色瓢虫和东亚小花蝽进行生物防治；也可用 25% 噻虫嗪水分散粒剂 6000 ～ 8000 倍液、10% 吡虫啉 2500 倍液防治。蓟马发病初期可使用巴氏新小绥螨和东亚小花蝽进行生物防治；也可用 25% 噻虫嗪水分散粒剂 6000 ～ 8000 倍液和 15% 唑虫酰胺乳油 7.5 ～ 12.0mL/ 亩等防治。

8. 适时采收

一般于 6 月中下旬开始采收第一批瓜，瓜龄 40 ～ 50d，为自然成熟瓜，避免高温闷棚催熟，以免影响果实品质。随气温的升高，二茬至三茬瓜坐瓜后 27 ～ 30d 即可采收。但秋季气温降低，西瓜从坐果到成熟时间拉长，采收时要细致判断是否成熟，避免采摘生瓜；熟瓜要及时采收，避免其吊在藤上影响后续的授粉留瓜。

五、相关试验研究

主要从砧木品种筛选、种植密度、整枝方式、微喷水肥管理参数和遮阳网类型等方面开展试验研究。

1. 确定砧木品种

综合产量、品质和抗病性等主要指标筛选适宜长季节栽培的砧木品种，采用"甬砧 7 号"和"甬砧"作为专用砧木，用于长季节生产田间表现最好。三个茬口总产量能达到 5305.0kg/ 亩、5087.5kg/ 亩和 4658.6kg/ 亩，平均中心含糖量分别为 12.2%、12.1% 和 11.5%。

2. 确定种植密度

综合产量、品质和抗病性等主要指标筛选适宜长季节栽培的种植密度，当密度为 500 株 / 亩时，坐果率高、西瓜成熟早且不易早衰，亩产量高，折合产量高达 5114kg/ 亩，为最适宜种植密度。

3. 确定整枝方式

综合产量、品质和抗病性等主要指标筛选适宜长季节栽培的整枝方式，结果表明采用三蔓整枝（一主蔓二侧蔓），植株长势适中且协调，病害轻；坐果节位适中、成熟早，不易早衰；产量高，折合产量高达 5207kg/ 亩，最适宜长季节栽培。

4. 确定微喷水肥管理参数

中型西瓜长季节栽培每亩总施肥量为 N 19.1kg、P_2O_5 11.3kg、K_2O 22kg、商品有机肥 800 ～ 1000kg。基肥以 15：15：15 复合肥为主，追肥应选择 18：5：30 全溶性肥；一般微灌浇水量为每次 9 ～ 12m³，时长约 45 ～ 60min，总微灌溉量为 152m³。

5. 确定遮阳网类型

通过研究 4 种遮光率（55%、65%、70% 和 75%）遮阳网对采收期及总产量的影响，筛选出适宜长季节栽培的遮阳网类型。与不使用遮阳网相比，不同类型遮阳网均可延长采收期。采用 65% 和 75% 遮光处理采收期较长，分别为 10.8d 和 11.0d，但 65% 遮光处理总产量最高，达 4920.5kg/ 亩。

六、应用现状

针对北京中型西瓜上市时间短、人工成本高、单位面积效益低等问题，通过开展相关试验研究，集成了以"品种选择、定植时期、整枝方式、水肥管理策略和病虫害防治"等单项技术为核心的冷凉地区优质中果型西瓜长季节栽培技术。与常规栽培模式比较，平均亩产量超过 5345.5kg，亩产值 2.54 万元，分别高出 9.4% 和 14.2%；病虫害发生率和亩用工量分别下降 3.26% 和 33.9%。该技术一定程度上缓解了北京 7 月中旬～9 月中旬高温时期西瓜上市空档和生产供应期短的问题。2020 年示范 1200 亩，2021 年覆盖面积达到 1600 亩，2022 年推广面积为 2100 亩，3 年来累计应用面积 4900 亩，总增收 1174.7 万元，增加市场供应 0.24 万吨。

第三节 小型西瓜基质栽培技术

北京地区常规设施西瓜种植主要以土壤栽培为主，存在着土地资源利用率低、水肥利用率低、劳动强度大、枯萎病及线虫等土传病害发生严重等问题，此外种植以经验种植为主，标准化现代化程度不高。无土栽培是解决设施西瓜连坐的有效方法，由于营养液配方固定，水肥灌溉自动化，可实现规模化、标准化生产，且产品质量稳定，利于西瓜产业绿色安全高效化的发展。

北京市农业技术推广站于 2015 年开展小型无土栽培技术的试验与示范，2020 年在昌平、大兴、房山、顺义和延庆等区建立示范点五个，示范面积 50 亩。与常规栽培模式比较，示范点的亩产量能达到 4179.3kg，亩产值 17860 元，较常规生产增加 29.7% 和 20.5%。目前已引进西瓜品种 7 个，确定了西瓜基质栽培模式下的适宜整枝方式、定植密度、种植模式和需水规律，研发了专用栽培基质和专用配方肥，制定出一套适宜西瓜基质栽培的营养液配方。现将该技术总结如下。

一、栽培槽与栽培基质处理方法

1. 栽培槽的构建

采用黑色硬塑料栽培槽，栽培槽规格为宽 30 ～ 35cm、深 25 ～ 30cm。栽培时，槽内先铺设一层塑料薄膜隔离土壤，薄膜上层铺设一层加厚防虫网，基质置于防虫网上。

2. 基质选择

栽培基质配方为草炭：珍珠岩：蛭石 =7：3：4（质量比），基质混合时，每亩加入 2m³ 鸡粪，将配制好的栽培基质用 50% 多菌灵可湿性粉剂 800 倍液消毒，混匀后填于栽培槽中。基质理化性质如下：总有机质含量＞ 40%，总氮含量＞ 1.07%，磷含量＞ 1.4%，钾含量＞ 1.4%，总养分含量＞ 4%，pH=5.8，EC 值为 0.8mS/cm，水分＞ 30%。

3. 水肥系统

每个栽培槽内平行铺上 2 条滴灌带，滴灌带直径为 15mm，出水口间隔 30cm。首部应用精量施肥系统，使每条滴灌带出水口出水均匀，并安装过滤装置，以防止出水口堵塞。

4. 肥料的选择

应用西瓜专用配方 A 肥、B 肥［A 肥：硝酸钾：四水硝酸钙 = 7：4(质量比)；B 肥：磷酸二氢铵：七水硫酸镁 =1：1(质量比)］。两种肥料中加入微量元素，pH 5.5 ～ 5.8。

二、关键栽培技术环节

1. 品种选择

由于基质栽培过程中水肥灌溉频率较高，在相同品种的情况下瓤质要比土壤栽培酥软，适宜选用肉质硬脆的小型西瓜。

2. 茬口安排

北京地区西瓜主要设施类型有温室、大棚、拱棚三种类型，主要种植茬口有早春、秋延后和长季节三个茬口，以早春日光温室和春大棚两个茬口为主。由于基质栽培的缓冲性较差，保温性也弱于土壤，因此定植期可晚于土壤栽培（表 8-1）。

表 8-1　北京地区西瓜主要种植茬口及上市时间

设施类型	温室		大棚	
茬口种类	早春	秋延后	早春	秋延后
播种期	12 月 25 日～ 1 月 5 日	9 月 10 日～ 9 月 15 日	2 月 1 日～ 2 月 10 日	6 月 25 日～ 7 月 5 日
定植期	2 月 5 日～ 2 月 20 日	10 月 10 日～ 10 月 15 日	3 月 20 日～ 4 月 1 日	7 月 25 日～ 8 月 5 日
收获期	4 月 30 日～ 5 月 15 日	1 月 1 日～ 1 月 10 日	5 月 20 日～ 6 月 1 日	9 月 20 日～ 10 月 10 日

3. 育苗

催芽温度：接穗浸种时间 3 ～ 4h，温度保持在 28 ～ 32℃，催芽时间 24h 左右；砧木浸种 6 ～ 8h，温度保持在 25 ～ 28℃，催芽时间 2 ～ 3d。播种到出苗期白天保持 20 ～ 25℃，夜间 15℃ 左右。适当降温控制下胚轴伸长。采用贴接法进行嫁接。嫁接期间温度白天控制在 25 ～ 30℃，夜间 18 ～ 20℃。成活后温度白天 20 ～ 28℃，夜间不低于 15℃。定植前 15d 和 7d 分别倒苗一次，以保证幼苗整齐；定植前一周炼苗，将温度控制在白天 20℃ 左右，夜间 10 ～ 12℃。

4. 定植前准备

定植前一个月扣好棚膜，围覆双层棚膜以利于保温。同时将栽培基质填入栽培槽内，每个栽培槽内平行铺上 2 条滴灌带，定植前 2 周将栽培基质浇透。春季在 3 月中上旬，棚内地温达 15℃ 以上时，瓜苗 3 叶 1 心时定植。定植后，滴灌浇水 10min，搭建小拱棚保温，以提高移栽成活率；秋季应在 7 月下旬或 8 月初定植，赶"中秋及国庆"两节上市。

5. 合理密植

春季建议单行种植，株距 25 ～ 28cm，行距 1.1 ～ 1.2m，亩密度控制在 2000 ～ 2300 株之间；秋季建议单行种植，一般株距 30 ～ 35cm，行距 1.2m，亩密度控制在 1500 ～ 1600 株左右。

6. 田间管理

（1）温度管理　缓苗期白天气温宜为 30 ～ 35℃、夜温宜为 15 ～ 18℃；伸蔓期白天气温宜为 28 ～ 32℃、夜温宜为 15 ～ 18℃；

结果期白天气温宜为 28 ～ 35℃、夜温宜为 18 ～ 20℃。

（2）**湿度管理**　应保持基质含水量 / 基质最大持水量在缓苗期为 65%，伸蔓期为 70%，坐果期为 75%。

（3）**水肥管理**　按照营养液配方研发西瓜专用配方肥 A 和 B [A 肥：硝酸钾：四水硝酸钙 =7：4（质量比）；B 肥：磷酸二氢铵：七水硫酸镁 =1：1（质量比）]。两种肥料中加入微量元素。明确不同生育期营养液灌溉策略。确定 pH 和 EC 值控制范围：整个生育期 EC 值均控制在 1.5 ～ 2.5mS/cm 之间。苗期 EC 值控制在 1.5 ～ 1.8mS/cm 之间；伸蔓期 EC 值控制在 1.8 ～ 2.0mS/cm 之间；坐果期 EC 值控制在 2.0 ～ 2.5mS/cm 之间。pH 值：整个生育期 pH 值均控制在 5.5 ～ 6.0 之间。苗期 pH 值控制在 5.5 ～ 5.8；伸蔓期 pH 值控制在 5.8 ～ 6.0 之间；坐果期 pH 值控制在 5.8 ～ 6.0 之间。水肥灌溉中的灌溉量要充足，晴天必须每天灌溉以防止萎蔫。要使用符合作物需肥规律的无土栽培配方营养液，而不是通用的水溶肥或冲施肥。春季栽培在授粉前浇水"宜少不宜多"，如阴天在基质水分含量够的情况下可以不浇。春季定植前一周应将基质浇透，定植时有点水即可以防止沤根。为保证植株长势，可按照 100mg/L 的浓度施用生根剂（腐植酸 ≥ 30g/L，有效活菌数 ≥ 5 亿 /mL，N+P+K ≥ 200g/L），在缓苗期根施 2 次、伸蔓期根施 1 次、膨瓜期根施 1 次，根施时间为 10min（见表 8-2）。

（4）**植株调整**　春季种植可选用单蔓或者双蔓整枝，单蔓整枝是指只保留主蔓，双蔓整枝是指保留一主蔓一侧蔓，即头茬瓜只主蔓结瓜，侧蔓供养，一棵秧留一个瓜。秋季种植可选择双蔓或三蔓整枝，三蔓整枝即保留一主蔓两侧蔓。

（5）**保花保果**　春季从第二雌花开始授粉，留二、三节雌花坐瓜为宜防止后期瓜秧徒长。头茬瓜一般选取主蔓第二、三朵雌花进行授粉，由于早春气温低、坐瓜难，在人工授粉外，可适当

表 8-2　基质栽培条件下小型西瓜不同生育时期灌溉策略

生育期	天气	单株浇灌量 /mL	灌溉次数
定植期	晴天	250	2
	阴天	125	1
缓苗期	晴天	500	2
	阴天	250	1
伸蔓期	晴天	700	2
	阴天	350	1
结果期	晴天	1000	3
	阴天	500	1

喷施坐果灵以提高坐瓜率，如棚内温度适宜也可选用蜜蜂授粉；秋季可从第三雌花开始授粉，选用蜜蜂授粉为宜；为保证产量，每株植株保留的功能叶片数应不少于 30 片。当西瓜坐果后，选留主蔓上果形周正、刚毛分布均匀的西瓜，及时摘除畸形果，以减少养分消耗，头茬瓜每棵瓜秧选留 1 个瓜。

（6）病虫害防治　春大棚小型西瓜病虫害的防治需遵循"预防为主、综合防治"的原则，做到勤观察、早预防。苗期主要病害有立枯病、猝倒病和枯萎病等。后期主要病害有蔓枯病、枯萎病和白粉病等；主要虫害有红蜘蛛、蚜虫和蓟马等。立枯病可选用噁霉灵和咯菌酯防治；猝倒病可用霜霉威和哈茨木霉菌防治；枯萎病可用咪鲜胺和噁霉灵防治；蔓枯病可用氟吡菌酰胺和苯醚甲环唑防治；白粉病可用氟硅唑、醚菌酯和氟菌唑防治。红蜘蛛可用联苯肼酯防治，蚜虫和蓟马可用吡虫啉和噻虫嗪防治。

（7）及时采收　头茬瓜授粉后约 35 ～ 40d 成熟，5 月中下旬集中上市，二茬瓜授粉后约 30d 成熟，一般在 6 月中下旬成熟，二茬瓜皮薄、易裂，一般八九成熟时即可采收。采收时应根据授粉标记分期分批采收。采收后及时分级，包装上市。

三、基质栽培技术优势、问题以及注意事项

1. 基质栽培的优势

（1）从种植者角度来看 采用基质栽培可以预防枯萎病、根结线虫等病虫害。可实现西瓜自根苗种植，但对种植者技术水平要求较高；在上市时间方面，采用基质栽培生育期一般较常规栽培能提前 5d 以上；在水肥利用率方面，亩用水量在 120m³ 以内，亩用肥量在 80kg 以内。水肥利用率较常规生产提高 25% 左右。

（2）从园区和合作社的角度看 采用基质栽培配合水肥一体化技术，降低了劳动强度，便于省力化栽培和规模化种植的同时，也能保证西瓜品质的稳定，实现标准化生产，促进产业升级。

（3）从消费者的角度看 棚室环境洁净，提升采摘体验。

2. 基质栽培中存在的问题

（1）技术要求高 要求瓜农具备一定的西瓜种植水平。在缓期苗和伸蔓期容易出现沤根和烂根的情况，坐果期容易出现生理性萎蔫，尤其是久阴乍晴的时候。主要原因是同土壤栽培相比，基质的缓冲性较差，以及水肥施用不当。

（2）投入成本较高 主要是栽培技术，如椰糠或混合基质等，亩使用量为 25 ～ 30m³，亩商品基质成本在 1 万元以上；栽培槽，每亩成本在 30 元左右。

（3）果实品质方面 如种植不当容易出现糖度低、空心离瓤和裂瓜等问题。主要是由于生长后期 EC 值偏低、水肥灌溉频率过大、棚内温度过高等。

3. 基质栽培中的注意事项

（1）品种选择方面 适宜选用肉质偏硬的红肉及彩虹瓤类型

小型西瓜，不建议种植黄瓤类型。

（2）种植密度和整枝方式方面　春季建议单行种植，亩密度控制在 2000～2300 株之间；秋季建议单行种植，亩密度控制在 1500～1600 株。整枝方式春季选用单主蔓或"一主蔓一侧蔓"整枝；秋季选用"一主蔓一侧蔓"和"一主蔓两侧蔓"整枝，主蔓坐瓜。

（3）水肥管理方面　基质栽培的灌溉量要充足，晴天必须每天灌溉以防止萎蔫。春季栽培在授粉前浇水"宜少不宜多"，春季定植前一周应将基质浇透，定植时有点水即可以防止沤根。

四、相关试验研究

主要从专用栽培基质研发、营养液配方筛选、需水规律和功能性肥料筛选等方面开展试验研究。

1. 研发出一种专用栽培基质

根据西瓜根系需肥特点，研发出一种适宜的栽培基质。确定了其理化性质即总有机质含量 >40%，总氮含量 >1.07%，磷含量 >1.4%，钾含量 >1.4%，总养分含量 >4%，pH=5.8，EC 值为 0.8mS/cm，水分 >30%。试验点平均亩产量达 3720kg，中心含糖量 12.4%，边含糖量 9.0%。

2. 研发出一种专用基质发酵方法

即将菌渣、牛粪和珍珠岩按 4∶2∶1 比例均匀混合后，按照体积的 2‰添加微生物发酵菌剂，发酵周期为 60d。试验点平均单瓜重 2.48kg，亩产 4100kg，中心含糖量 13.6%，生育期较常规栽培提前 7d 上市，较常用栽培基质亩成本可降低 48%。

3. 确定适宜的基质栽培营养液配方

按照营养液配方研发西瓜专用配方肥 A 和 B［A 肥：硝酸钾：四水硝酸钙 =7：4（质量比）；B 肥：磷酸二氢铵：七水硫酸镁 =1：1（质量比）］，两种肥料中加入微量元素。明确不同生育期营养液灌溉策略。

4. 确定基施硅肥的用量

利用硅肥可提高抗逆性和降低裂果率的特性，开展基施硅肥用量的研究。当基施硅肥用量为 40kg/ 亩时，亩产量、中心含糖量、有机质分别较对照提升 9.42%、1.98% 和 4.91%，空心率较对照降低 6.87%，裂果率降低 32.5%。

5. 确定鱼蛋白的使用方法

分别在缓苗期、伸蔓期、坐果期施用鱼蛋白，施用量每次 2.5kg/ 亩，全生育期共施用 4 次。能显著提高小型西瓜的中心糖、可溶性蛋白和维生素 C 含量，分别较对照提高 7.00%、48.23% 和 15.57%。

6. 形成技术规范

集成了以特色种植品种、栽培方式、栽培密度、营养液配方和灌溉策略等单项技术为核心的特色小型西瓜基质栽培技术规范（见表 8-3）。

五、应用现状

与常规栽培模式相比，示范点平均亩产量超过 4158.6kg，亩

表 8-3　小型西瓜基质栽培技术规范

项目	内容
品种	炫彩 1 号、炫彩 3 号、京彩 1 号、京彩 3 号
栽培方式	小型西瓜吊蔓单行栽培
栽培密度	"两蔓一绳"整枝，2000 ～ 2300 株 / 亩
EC 值	苗期：1.5 ～ 1.8mS/cm；伸蔓期：1.8 ～ 2.0mS/cm；坐果期：2.0 ～ 2.5mS/cm 之间
pH 值	苗期：5.5 ～ 5.8；伸蔓期：5.8 ～ 6.0；坐果期：5.8 ～ 6.0
灌溉策略	晴天 800 ～ 1000mL/ 株，阴天 200 ～ 400mL/ 株
病虫害防治	大处方

产值 2.91 万元，分别高出 3.7% 和 13.4%；亩用水量、亩用工量和裂果率分别下降 29.7%、26.2% 和 66.7%；中心含糖量提高 0.1%，蛋白质和维生素 C 含量提升明显。

2020 年示范特色小型西瓜基质栽培技术 55 亩，2021 年覆盖面积达到 105 亩，2022 年推广面积 195 亩，3 年来累计应用面积 355 亩，总增收 122.5 万元，保障了 0.15 万吨特色小型西瓜的供应。在基质栽培条件下，特色小型西瓜因其上市早、品质高和效益好的特点深受零售和采摘市场青睐（见表 8-4、表 8-5，图 8-1）。

表 8-4　不同栽培模式产量及效益比较

不同栽培模式	亩产量 /kg	亩用水量 /m³	裂果率 /%	亩用工量 / 个	亩产值 / 元
基质栽培	4158.6	111.8	0.5	13.5	29110
常规栽培	4010.0	159.0	1.5	18.3	25660

表 8-5 不同栽培模式西瓜品质性状对比

栽培模式	维生素 C /（mg/100g）	总酸（以柠檬酸计）	蛋白质 /（g/100g）	中心含糖量 /%	边缘含糖量 /%	口感	纤维
基质栽培	7.62	0.06	1.20	13.2	11.2	酥脆	细
常规栽培	7.00	0.05	0.80	13.1	10.5	硬脆	中等

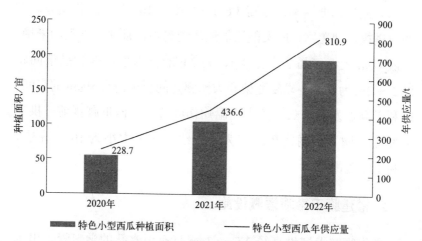

图 8-1 2020～2022 年小型西瓜基质栽培种植面积及年供应量变化

第四节 小型西瓜网架栽培技术

小型西瓜具有含糖量高、品质优良的优点，符合市民消费需求，适合小家庭食用。北京地区的小型西瓜主要以吊蔓和地爬栽培为主，但吊蔓栽培存在用工量大、生产成本高的问题，而地爬栽培容易出现阴阳面，导致果实商品率低。因此建议嫁接小西瓜采用网架栽培，即在大棚内用钢管和尼龙网搭起网架，让西瓜蔓条顺着网架攀爬生长，在网架上结瓜，进而达到省工、高效和宜采摘的目的。

一、设施搭建

1. 搭拱形架盖网

大棚为标准钢架，顶高 3.6m、东西宽 10m、南北长 58m。大棚内搭拱形架盖网，网架能增加通风透光性，且便于管理和采摘。一般 10m 大棚可搭 2 个宽 4m、高 2m 的拱形架，钢管拱架间距以 2～3m 为宜，要求爬蔓架和大棚膜之间至少留有 80cm 的空间，以利于高温及时散热，防止高温灼伤叶片。在西瓜爬蔓前，拱架上要盖上网片，网线粗细宜为 9 股线，网眼大小为 10cm 左右，以利于爬蔓吊瓜。

2. 搭建膜下微喷灌溉设施

在作物畦上铺设直径 2.5～3cm 打有出水孔的塑料管，出水孔孔径为 1mm，间距为 5cm，布设于塑料管正面中心位置。畦上覆盖地膜，作物定植于膜上。覆盖地膜后微喷可类似滴灌湿润作物，灌水均匀，不伤害作物，保持土壤性状。

二、品种选择

1. 砧木品种

砧木品种应具备嫁接亲和力好、生长势强、耐低温弱光的优点，可选用北京市农林科学院选育的"京欣砧 4 号"、宁波市农业科学研究院选育的"甬砧3号"。

2.西瓜品种

红肉类型小型西瓜可选用"京美2K""L600""超越梦想""京珑""墨童"等，黄肉、橙肉类型小型西瓜可选用"京彩""炫彩"系列等。

三、关键栽培技术环节

1.配制营养土

选择加温温室中部采光好、无病害的地块育苗。12月到翌年1月之间做好育苗前准备工作。扣棚膜，作畦铺设电热线。准备基质和育苗土，育苗土中有机肥和大田土按1∶3的比例混拌，营养土中拌多菌灵预防病害。

2.浸种催芽

将砧木和接穗种子浸泡在55℃左右的水中，搅拌至水温在30℃左右，其中砧木浸种4h，接穗浸种6～8h。用湿棉布包裹浸好的种子，放在电热毯或炕头上，保持温度在28～32℃之间，每6h翻一下，并且及时补水。

3.播种

有70%左右的种子露白时，开始播种。砧木于2月初播种，隔4～5d后播接穗籽。播种前一天装好土或者基质，浇透水。其中砧木每个营养钵播1粒，接穗每个育苗盘播400～500粒，上面覆潮细沙土1cm，温度控制在32～35℃。苗子露头后，白天温度控制在26～28℃，夜间温度控制在15～18℃。

4. 嫁接与苗期管理

当砧木 1 叶 1 心，接穗 2 子叶展平时，采用贴接法进行嫁接。

嫁接后 1 ~ 3d：嫁接后立即将嫁接苗放入苗床，采用黑色地膜平铺覆盖瓜苗，起到保温遮光的作用，保持封闭状态，空气湿度保持在 90% 以上。温度白天控制在 25 ~ 30℃，夜间 18 ~ 20℃。

嫁接后 4 ~ 7d：去除膜上水珠，每天早晚适当放风，逐渐增加光照，放风时间长短以西瓜苗不发生萎蔫为准。

嫁接 7d 后：一般嫁接一周后，伤口开始愈合可逐渐延长见光时间，此时适当降低温度，白天 20 ~ 28℃，夜间不低于 15℃。当西瓜新叶开始生长时标志着嫁接成活，即进入正常管理阶段。此时应见干见湿补充水分，及时去除砧木上萌生的不定芽；适时倒苗，一般嫁接后 10d、定植前 7d 分别倒苗一次，以保证幼苗整齐性；定植前一周炼苗，将温度控制在白天 20℃左右，夜间 10 ~ 12℃。

5. 定植

（1）精施底肥　在定植前一个月扣好大棚，大棚东西两边的风口下围覆双层棚膜，以利于保温。施肥时间应比定植时间至少提前 15d，一般为 2 月下旬整地施肥入沟。由于网架西瓜爬蔓面积大，因此应比爬地栽培多施 20% ~ 30% 肥料。每亩施充分腐熟的鸡粪 5 ~ 6m³ 或商品有机肥 1000kg，三元复合肥 20 ~ 40kg，微生物菌剂 10 ~ 20kg。施肥后在靠近棚架两边，采用黑色或银色地膜覆盖增温保墒。

（2）起垄作畦　定植前一周起垄作畦，拱形架两侧作畦，采用南北向作 4 垄小高畦，畦宽 40 ~ 60cm，高 15 ~ 20cm，间距 0.9 ~ 1.0m，距小高畦中心 5cm 处铺膜下微喷带 1 根，然后铺宽

90cm 的黑色地膜。

（3）合理稀植　定植时间为 2 月中下旬～ 3 月中上旬，在棚内地温达 10℃以上、瓜苗 3 叶 1 心时定植。可采用地膜 + 拱棚 + 大棚等三层覆盖保温提温方式，在小高畦中心单行定植，株距 50 ～ 55cm，每亩定植株数 500 ～ 550 株，选晴天上午定植，把苗从基质或营养钵取出，移入当天打好的定植穴中，穴内事先放好西瓜专用缓释农药"一株一片"。使营养土与土面相平，四周用土封严。定植后，营养土上方不立即封土，待浇完齐苗水后，用干土将土表处封好。定植后立即搭建小拱棚保温，以提高移栽成活率。7d 后待晴天时浇缓苗水。

6. 田间管理

（1）CO_2 施肥　每亩均匀吊挂 CO_2 气肥 20 袋（约 2kg），有效期约 30d，一个生长季施用 2 次（约 4kg）即可。

（2）温湿度管理

① 缓苗期。定植后注意保温防冻，保持大棚封闭状态，保持日温 25 ～ 30℃，夜温 10℃以上。中午温度高于 35℃揭拱棚膜适当放风。

② 伸蔓期。日温保持 28 ～ 30℃，夜温保持在 12℃以上。主要依靠揭盖小拱棚棚膜来调节温湿度。一般晴天揭开棚膜，通风换气，增加光照。当夜温稳定在 15℃以上时，可撤小拱棚。

③ 坐果期。坐果前期日温保持在 28 ～ 35℃之间，夜温保持在 18 ～ 20℃，以保证植株正常开花结果；后期日温仍保持在 28 ～ 35℃之间，但适当降低夜温，以 15 ～ 18℃适宜。当棚温在 40℃以上时应加盖遮阳网遮光降温，防止植株早衰，以延长采收期。

（3）水肥管理

① 水分管理。遵循"前控、中促、后保"原则。定植前 2 ～ 3d 每亩灌溉洇地水 25m³，定植后到授粉期，土壤不干不浇水，保持瓜秧根际潮湿即可，达到控水壮秧的目的。建议分别于定植期、缓苗期、伸蔓期各灌水 1 次，每次灌水量为 10 ～ 12m³/ 亩。果实膨大期灌水 3 ～ 4 次，每次灌水量 20m³/ 亩。采收前 5 ～ 7d 停止灌溉。

② 肥料管理。因为网架栽培为 1 棵秧结 3 ～ 4 个瓜，因此伸蔓期植株应以促秧为主，可分别在 5 ～ 6 片叶和授粉前 5 ～ 7d 时，每亩随水分别追施"平衡生长型"的全水溶性肥料（有效成分含量：氮 20%、磷 20%、钾 20%）5 ～ 8kg 1 次，但要整枝打杈同时进行，以防止植株徒长；待西瓜坐住有鸡蛋大时，每亩随膨瓜水冲施"平衡生长型"的全水溶性肥料（有效成分含量：氮 20%、磷 20%、钾 20%）5 ～ 8kg；此后每隔 5 ～ 7d，每亩随水冲施"高钾型"的全水溶性肥料（有效成分：氮 16%、磷 8%、钾 34%）5kg。每茬瓜在采收前一周要停止水肥供应。

7. 整枝方式

可采用 3 ～ 4 条侧蔓整枝方式，当西瓜 4 ～ 5 片时及时掐尖，选留 3 ～ 4 条健壮侧蔓，当瓜蔓 50cm 左右时，及时整枝打杈并引上网架，之后西瓜的卷须可附着在网片上自然向瓜架上攀爬，无需固定，瓜蔓将自行均匀地分布在网架上，当瓜蔓 1m 左右时，用塑料绳或尼龙扣将瓜蔓绑定在网架上，以防倒伏。当西瓜蔓爬上网架后，不用整枝，不用二次固定。

8. 保花保果

（1）授粉方式　采用蜜蜂授粉方式，授粉前 15d 严禁施用药剂，授粉前 3 ～ 5d 于傍晚将蜂箱搬进大棚；一般 1 个 600 ～ 700m² 的西瓜设施大棚配置 1 箱授粉蜂群。授粉时间为一周左右，如遇低温连阴天时可用氯吡脲（坐瓜灵）辅助授粉。

（2）植株管理　西瓜生长过程中必须及时整枝打杈，避免西瓜疯秧、跑秧，导致雌花稀、花粉少，影响坐果。西瓜定植时要保证大小苗一致，以确保开花集中，有利于授粉。并在开花坐果前少量浇水，避免授粉过程中因干旱补水，影响坐果。当西瓜坐果后，每条侧蔓上选留一个果形周正、刚毛分布均匀的西瓜，及时摘除畸形果，以减少养分消耗，每批瓜定果后采用不同颜色尼龙扣或塑料绳将果柄、瓜蔓绑定在网线上，方便判断成熟度，同时检查幼瓜是否在网片下方，以免幼瓜长在网片上方或卡在网孔内，影响果实发育及采收。

9. 病虫害防治

病虫害的防治需遵循"预防为主、综合防治"的原则。

田间主要病害是白粉病、炭疽病、蔓枯病、根结线虫病。其中白粉病用 50% 醚菌酯（翠贝）干悬浮剂 3000 倍液、10% 苯醚甲环唑（世高）可湿性粉剂 1000 倍液、40% 氟硅唑（福星）乳油 4000 倍液、15% 三唑酮（粉锈宁）可湿性粉剂 1000 倍液、36% 硝苯菌酯乳油 1500 倍液防治；炭疽病用 10% 苯醚甲环唑（世高）可分散粒剂 800 ～ 1000 倍液、75% 百菌清（达科宁）可湿性粉剂 400 ～ 500 倍液、25% 嘧菌酯悬浮剂 1250 ～ 1500 倍液。蔓枯病在发病初期，立即喷 10% 苯醚甲环唑（世高）1000 倍液、75% 代森锰锌（猛杀生）水分散粒剂 600 ～ 800 倍液、50% 多菌灵可湿性粉剂 600 倍液、75% 百菌清可湿性粉剂 600 倍液、20% 烯肟·戊唑醇（爱可）悬浮剂 1500 倍液。线虫病可用 10% 噻唑膦（福气多）颗粒剂、1.8% 阿维菌素乳油 2000 倍液、40% 毒死蜱（新农宝）乳油 1000 倍液灌根。

田间主要虫害是红蜘蛛、蚜虫、蓟马。其中红蜘蛛发病初期可用巴氏新小绥螨和智利小植绥螨进行生物防治，也可用 1% 阿维菌素 1500 倍液、5% 噻螨酮乳油 1500 倍液、15% 哒螨灵乳油 3000 倍液、43% 联苯肼酯悬浮剂 3000 倍液等防治。蚜虫发病初期可悬挂黄板，使用异色瓢虫和东亚小花蝽进行生物防治。也可用 25% 噻虫嗪水分散粒剂 6000 ～ 8000 倍液、10% 吡虫啉 2500 倍液防治。蓟马发病初期可悬挂蓝板，使用巴氏新小绥螨和东亚小花蝽进行生物防治，也可用 25% 噻虫嗪水分散粒剂 6000 ～ 8000 倍液、15% 唑虫酰胺乳油 7.5 ～ 12.0mL、1.8% 阿维菌素 2000 倍液等防治。

10. 及时采收

结合授粉标志判断果实采收适期，春大棚小型西瓜一般在定果后 30 ～ 35d 成熟。一般在八九成熟时进行采收和采摘。采收后及时分级，包装上市。

第五节 树式栽培及配套栽培技术

"瓜菜树"，主要是指在现代温室设施条件下，采用无土栽培技术（基质栽培或水培），利用瓜菜的遗传潜力，通过生理与栽培技术调控来培育最大植株个体，造就"树"状架势，为单株高产奠定强大的营养体基础，从而使草本植物的瓜菜达到木本植物树状结构的观赏效果，并且获得比传统设施栽培高得多的单株产量，延长挂果期和采收期。

一、基础设施

"瓜菜树"对环境条件要求比较严格。由于植株高达 2 ~ 2.5m，因此要求的空间比较大，必须在空间宽敞的大型连栋温室或加温温室内进行。适宜生长的气温范围为 16 ~ 28℃，低于 12℃和高于 32℃都难以生长。因此要求冬季要有加温设施，夏季要有外遮阳、风机及水帘降温设施，使其冬季气温不低于 12℃，夏季气温不高于 32℃。

二、配套设备

1. 供液系统

是供给植物营养液的配套设施。营养液罐（槽）中要装有水泵（潜水泵或离心泵），水泵和电源之间用定时器连接，以便定时供给营养液。水泵出口连接主供液管，可以是直径为 2 ~ 3cm 的铁管或 PVC 管，其上连接分管和滴针，每株"瓜菜树"要有 16 个以上的滴针供液，滴针要在栽培槽上均匀分布。

（1）**营养液罐（槽）** 用于配制和贮存营养液。可选用塑料罐（每个承载 2t 水），置于地上或埋入地下、半地下。也可用砖或水泥砌成地下式栽培槽，要求密闭性好，不漏水。营养液罐（槽）的容积依种植数量而定，以每 10 株"瓜菜树" 2 ~ 4m^2 为宜（如某瓜园自控温室面积 620m^2，每个配建一个长 3m、宽 1.6m、深 1.5m 的地下营养液水泥槽即可）。

（2）**滴灌装置** 通常采用开放式滴灌，不回收营养液，为准确掌握供液量，可在每条种植槽内设 2 ~ 3 个观察口（塑料管或竹筒）。滴灌装置由毛管、滴管和滴头组成，1 株配 1 个滴头。为保证供液均匀,在温室中部设分支主管道,由分支主管道向两侧伸延毛管。

(3)**供液系统** 供液系统由自吸泵、过滤器(为防止杂质堵塞滴头,在自吸泵与主管道之间安装 1 个有 100 目纱网的过滤器)、主管道(PE ϕ25mm)、分支主管道(PE ϕ25mm)、毛管(PE ϕ15mm)、滴管(PE ϕ2.5mm)和滴头组成。配好的营养液在贮液池由自吸泵吸入流经过滤器,经主管道、分支管道,再分配到滴灌系统,再由滴头滴入植株周围的栽培基质供其吸收利用。

2. 栽培设施

(1)**栽培槽** 可用砖、水泥砌成或用木板、铁板、PE 及 PVC 板等制成,每个栽培槽规格一般长宽高比例为 1.5:1.5:(0.5~0.6),体积 1m³ 左右,腿高 20cm。槽底垫塑料纱网,四周用泡沫板包裹。要求不漏水,无腐蚀。

(2)**栽培基质** 栽培基质是支撑植物根系的混合物,要求质地轻,理化性质稳定,有良好的保水性和透气性。适宜的栽培基质为体积比为 1:1 的草炭与蛭石或体积比为 2:1 的草炭与珍珠岩的混合物。也可用稻壳、锯末、菇渣等有机物作栽培基质。

(3)**秧体支撑设施** 由于瓜菜树是草本植物,植株茎蔓不能直立生长,因此需用栽培架结合丝线牵引,以达到形成理想株形的目的。栽培架用直径 3~5cm 的铁管连接而成,离地面 2~2.2m 处用铁丝或尼龙绳做成 33cm×33cm(或 34cm×20cm)的网格。如果温室内有吊蔓铁线,可不用搭设栽培架,直接将铁线和尼龙绳做成 33cm×33cm 的网格,用以吊蔓和支撑秧体。

(4)**其他** 气候、肥料控制系统;CO_2 发生器;冬季加温设施保温被;夏季遮阳降温设施遮阴网。

三、栽培技术

1. 西瓜树式栽培技术

（1）品种选择

① 西瓜品种选择。适于树式栽培的西瓜品种应具备生长势旺、茎蔓柔韧、坐果性好、硬果肉、皮韧、瓜型美观和抗逆性强等特点。经 2 年的种植筛选，表现较好的有黑皮圆果小型无籽西瓜"墨童"、花皮高圆大型有籽西瓜"京美 8K"、黄皮圆果小型有籽西瓜"京彩 1 号"等。

② 砧木的选择。选用的砧木品种应具备以下特点：生长强健，分枝性强，根系发达，吸肥力强，抗逆性好，嫁接亲和力、共生亲和力好，嫁接植株不易发生急性凋萎，低温伸长性强。如京欣砧 4 号、勇砧等。

（2）播期安排

若棚室条件适宜，一年四季均可播种育苗，但根据传统节假日及游客集中出游时间等特点，最适宜的播种时间为 11 月中下旬～ 12 月上旬，12 月上中旬嫁接、1 月下旬定植于栽培槽内，3 月下旬到 4 月上旬开始留花授粉，5 月初到 10 月底为观赏期。

（3）培育壮苗

西瓜树式栽培需要嫁接，由于嫁接西瓜采用的砧木根系发达，吸收能力强，抗逆性好，可以提高西瓜植株抗逆性和肥料利用率，促进西瓜植株迅速生长。

（4）定植前的准备工作

① 配制栽培基质。基质配方：珍珠岩、草炭土、陶粒、蛭石。适宜的栽培基质为体积比为 1：1 的草炭与蛭石或体积比为 2：1 的草炭与珍珠岩的混合物（见表 8-6）。

② 营养液配方。肥料用量为硝酸钙 707g/t、硝酸钾 404.2g/t、

表 8-6　基质配方

材料名称	规格标准 /（斤 / 袋）	配比 /%	用量 /（g/ 树）
草炭	40	33.33	132000
蛭石	50	33.33	115500
珍珠岩	30	33.33	49500

注：1 斤 =500g。

硫酸钾 260.7g/t、硝酸铵 40.0g/t、硫酸镁 152.1g/t、磷酸 200 ～ 250mL/t。微肥配方为 EDTA-Fe 16g/t、硼酸 3g/t、硫酸锰 2g/t、硫酸锌 0.22g/t、硫酸铜 0.08g/t、钼酸铵 0.02g/t。

③ 栽培槽的准备。在栽培槽的底侧打直径为 3.5cm 的孔每侧 2 个，槽内侧衬上塑料布，并在槽的底孔处用直径 3cm 的 PVC 管透过塑料使管伸出槽 5 ～ 8cm，7 个管头上翘，利于通气，1 个管头向下，连接排液管，用以排液。在 PVC 管上每隔 3cm 打 1 对直径 3mm 的孔，用于透气和排液，并将其平放在槽底部的塑料上部。在塑料上铺设 10cm 厚的碎石块，表面整平后铺层防虫网，然后倒入配制好的栽培基质，直到把栽培槽填满，整平表面，等待定植。

④ 调好定时器。为实现加液自动化，可在电源处加装定时器与水泵相连，以控制开关泵时间。根据苗子长势及季节确定开关时间，间断循环加液。循环目的在于通过循环增加营养液中的溶解氧，同时使营养液中的养分均衡。

（5）定植　当株高达到 30 ～ 50cm 时选择壮苗，将植株定植到栽培槽中央，每槽栽 1 株，尽量少伤根，深度以育苗坨表面低于栽培槽表面 5cm 为宜。定植后立即浇透营养液，至出水管出水。定植密度以单株占地面积为（7 ～ 8）m×（7 ～ 8）m 为宜。

（6）定植后的环境管理

① 温湿度、光照。温湿度和光照是最重要的环境指标，不同生育期各指标也不同。

② 营养液管理。定植后营养液灌溉量确定的依据原则是：废液流出量为灌溉量的 15% ~ 30%；灌溉液与废液 EC 值相差不超过 0.4 ~ 0.5mS/cm；废液的 pH 值为 6.0 ~ 6.5；少量多次，固定灌溉时间，营养液施用方法为自动滴灌结合管浇，每浇两次营养液，只浇一次清水。营养液 pH 值控制在 6.5 左右；营养液 EC 值控制在 2.5 ~ 3.0mS/cm 内；营养液液温控制在 18 ~ 20℃内；植株进入花果期时每周每吨营养液追加 50 ~ 100g 硫酸钾。

（7）定植后的植株管理

① 植株调整。西瓜树采用多干整枝法，即选留健壮枝条，西瓜留主蔓和基部 3 ~ 4 条强壮的侧蔓，其余侧蔓全部去掉，以后采用连续双干整枝法，每个枝条都保留 2 个生长点，保留几乎长出的全部强壮侧枝，只摘除一些弱小侧枝，一株西瓜树会有成百个生长点。在侧枝基部用绳牵引上栽培架。上到栽培架的枝条也要有顺序地均匀分布，互不遮压。单树覆盖面积 50m² 左右。通过线绳牵引，使枝蔓像树冠一样沿不同方向生长，适宜的主干数量以植株达到网架时有 20 ~ 30 个生长点、植株平展达 2m 为宜。以后继续留枝蔓，并通过牵引使枝蔓在棚架上均匀分布，通过修剪去除过密枝蔓，避免相互遮蔽。前期摘除全部雌花，发现老黄病叶及下部细弱枝条及时打掉；后期摘除下部老叶和黄病叶。

② 授粉留瓜。当植株在栽培架上水平展幅达 4m 时，开始授粉留瓜（播种后 100 ~ 120d 开始）。授粉可用蜜蜂，也可人工进行，阴天用坐瓜灵喷果等。授粉后 10d 左右果实有鸡蛋大时，选瓜型端正的幼果留若干个，瓜前留两片叶摘心。株冠四周的生长

点保留，向四周延长生长继续留瓜。每株西瓜树可留2～3茬，结果70～100个。如品种用志国6号（花皮、圆果、个大），一树可结瓜70多个。小型无籽西瓜墨童（黑皮圆果），单树可结三茬果，共100余个，第一茬50多个（在2～4月），第二茬30多个（5～7月），第三茬30多个（8～10月）。

③ 温光管理。冬季加温，使最低气温不低于15℃，并经常清洁棚膜，增加透光量。夏季高温季节应适时进行遮阳降温，并结合风机和湿帘降温，使植株冠层气温不高于35℃。

④ 病虫害防治。西瓜主要病害有病毒病、叶霉病、晚疫病；虫害主要是蚜虫和斑潜蝇等。由于定植密度较小，病虫害不很严重，应预防为主、综合防治。具体措施是加强温室环境调控，严防温室滴漏水。加强植株管理，及时整枝打杈、顺蔓、打老叶、摘残花裂果，增强群体通风透光性，及时摘除病叶，清除病情严重植株，并用百菌清烟剂熏蒸预防。可在温室入口通风口处装上防虫网，并在温室内挂黄板，诱杀害虫。从育苗开始，全生育期基本上每隔10～15d防治1次。

（8）观赏　制作介绍本作物和栽培技术具有文化品位的展示牌，西瓜树全生育期300～330d，营养生长期130～140d，授粉15d后即可观赏，观赏期可达180～230d，最佳观赏期60～80d。

2.甜瓜树式栽培技术

（1）品种选择　适于树式栽培的甜瓜品种应具备生长势旺、茎蔓柔韧、坐果性好、不脱柄、不裂果、硬果肉、皮韧、瓜型美观、抗病性强、耐低温弱光和高温强光等特点。经2年的种植筛选，适合树式栽培的甜瓜品种有京蜜8号、橘红皮和日本网纹等。

（2）播期安排　若棚室条件适宜，一年四季均可播种育苗，但根据传统节假日及游客集中出游时间等特点，最适宜的播种时间为 2 月上旬～3 月上旬，3 月上旬～4 月上旬定植于栽培槽内，4 月上旬开始授粉，4 月下旬到 7 月底为观赏期。

（3）培育壮苗

① 浸种催芽。甜瓜种子浸种前用 100～150 倍的福尔马林溶液浸泡 30min 或用 500～600 倍的多菌灵溶液浸泡 1h，冲洗后浸种 6～8h，用拧干的湿布将浸好的甜瓜种子包好，放入 28～30℃催芽箱进行催芽，24～36h 后待芽长 0.3～0.5cm 时播种。催芽期间注意保温及每天清洗种子。

② 育苗前准备。选用 10cm×10cm 营养钵，将适宜育苗的基质用适量清水喷洒拌匀，营养钵中装入 2/3 体积的育苗基质即可。

③ 播种。将出芽的甜瓜种子播在营养钵中，每钵一粒，覆育苗基质 2cm 左右。盖好薄膜。

④ 苗床管理。播种后覆膜 2～3d 内保持高温，白天 25～30℃，最高不能超过 30℃，苗床相对湿度 75%～80%，出苗后防止徒长揭去覆膜，适当降温，白天保持在 20～25℃，夜间保持 18～20℃，适当放风，控制浇水，提高甜瓜适应性。

（4）定植前的准备工作　同西瓜树式栽培。

（5）定植　当株高达到 30～50cm 时选择壮苗，将植株定植到栽培槽中央，每槽栽 1～2 株，尽量少伤根，深度以育苗坨表面低于栽培槽表面 5cm 为宜。定植后立即浇透营养液，至出水管出水。定植密度以单株占地面积为（7～8）m×（7～8）m 为宜。

（6）定植后的环境管理　同西瓜树式栽培。

（7）定植后的植株管理

① 植株调整。同西瓜树式栽培。

② 授粉留瓜。当甜瓜植株在栽培架上水平展幅达 2m 时，开始授粉留瓜。进行人工授粉。授粉后 10d 左右果实有鸡蛋大小时，

选瓜型端正的幼果留若干个，瓜前留两片叶摘心。株冠四周的生长点保留，向四周延长生长继续留瓜。每株甜瓜树可留 1 ～ 2 茬，结果 70 ～ 80 个。

③ 温光管理。同西瓜树式栽培。

④ 病虫害防治。同西瓜树式栽培。

（8）观赏　制作介绍本作物和栽培技术具有文化品位的展示牌，甜瓜树全生育期 150 ～ 200d，营养生长期 70 ～ 90d，授粉 15d 后即可观赏，观赏期 30 ～ 60d，最佳观赏期 30 ～ 40d。

第六节　薄皮甜瓜多果多茬高效栽培技术

一、品种选择

薄皮甜瓜须选用耐低温弱光、早熟、高产、抗病优良品种，如"京蜜 11 号""蜜脆香圆"等。为了达到抢早、多果、多茬和高效的目的，薄皮甜瓜必须嫁接换根。砧木品种应具备抗病性强、亲和性好、生长发育快、对产量和品质无较大影响等特性，如新土佐等白籽南瓜。

二、培育嫁接苗

1. 选择适宜播期

根据定植时间确定播种期和嫁接期，育苗宁早勿晚。应在温室内育苗。甜瓜于 1 月上旬播种，10 ～ 15d 后（1 月下旬）即甜瓜第 1 片真叶 2 ～ 3cm、1 叶 1 心时播种南瓜砧木。8d 后（1月底2月初）嫁接，3 月上中旬定植（如 1 月 5 日播种甜瓜，1 月 20 日播种南瓜砧木，2 月 7 日嫁接，3 月上旬定植）。

2. 选育苗地和建床

在温室内苗床大小和位置确定之后，整平地面、建床。床宽1 ～ 1.2mm，深 15 ～ 20cm。刮平床面。为方便起苗，床底撒些沙土或灰渣。床壁要直。床边要实，苗床应便于通风管理（有条件的最好在床面上铺设 80 ～ 100W/m² 地热线）。

3. 配制营养土和装土排床

土粪比例（3 ～ 4）：1（因土质及肥料质量不同可适当调节），用过筛无污染的园田土和腐熟有机肥。播种前 3d 将土、粪按比例混匀，每平方米混合土中加入少量杀菌杀虫剂，也可再加过磷酸钙 1kg、磷酸二铵 1.5kg，混拌均匀，装入 10cm×10cm 塑料营养钵内，排列于事先备好的苗床上。排放时钵与钵之间相互挤紧，便于浇水管理。

4. 种子处理和催芽

将种子放入 55℃左右温水中烫种，不断搅动。待水温降至40℃左右时停止搅动，洗掉种子表面黏液，把水倒掉，换水，水温 40℃左右。常温浸种 4 ～ 6h。种子充分吸水后沥干，置于烫过拧干的清洁湿布上，把四边折起卷成布卷，布卷用烫过拧干的湿毛巾包好，放在 28 ～ 30℃恒温下催芽。催芽过程中应注意温、湿、气调节。当 70% 的种子露白时即可播种。薄皮甜瓜一般催芽24h 左右多数可发芽；而砧木种子发芽慢且不整齐，需经 2 ～ 3d才可发芽，可每隔 4 ～ 5h 拣 1 次。拣出的种芽置于 13 ～ 14℃的阴凉处待播，但应用湿布包好以保湿防干。

5. 播种

播种前 1d 将营养钵浇透水，然后平铺地膜并在育苗床上架设 1 个小拱棚，以提高床温。当床温稳定在 15℃ 以上时，选晴天上午揭开小棚和地膜播种，先把甜瓜播于 10cm×10cm 营养钵边内，每钵 1 粒，随覆 1cm 湿润营养药土。整畦播完后再全面覆盖 1 层消毒营养土，将钵间和四周缝隙填实。并立即紧贴床面盖 1 层地膜，用湿土压实薄膜边缘，盖棚膜，使用地热线的可通电升温。当甜瓜真叶 2～3cm 时（播后 20d 左右）播南瓜砧木。南瓜点播在温室南边着光处畦内，砧木真叶露尖时（约 8d 后）拔出砧木。采用靠接法嫁接。靠接甜瓜不伤根，接口愈合好，嫁接苗长势旺，不用缓苗，成活率高。

6. 出苗到嫁接前的苗床管理

播种至出苗前（约 5d）严密覆盖，以防寒、增温、保湿为主，促出苗快而整齐。昼温 28～32℃，夜温 17～20℃。幼苗出土后撤除地膜，使幼苗在小棚中生长，并开始少量通风，降低苗床温度。白天床温 22～27℃，夜间 15～18℃。真叶普遍发生后小棚内温度白天可提高到 28～30℃，并注意通风换气，南瓜白天 20～25℃，夜间 16～18℃。防止砧木幼苗胚轴徒长。嫁接前 1～2d，适当放风炼苗，控制浇水，提高砧木适应性，以免嫁接时胚轴劈裂，降低嫁接苗成活率。

7. 采用靠接法嫁接

（1）准备工作　嫁接在温室内进行，晴天必须遮光，防止阳光直射造成幼苗失水萎蔫，影响嫁接苗成活率。嫁接工具为嫁接刀（用普通刀片或自制嫁接刀，要求刀片锋利）和嫁接夹。嫁接前，嫁接夹应先洗净，然后在 200 倍福尔马林液中浸泡 8h 消毒。嫁接时刀片和操作人员的手用 75% 酒精消毒。当南瓜砧木刚出真叶（两子叶基本展平），甜瓜 2 叶 1 心时用靠接法嫁接。

（2）嫁接　先拔出砧木，选用与接穗苗大小相近的砧木，去掉生长点（真叶），在砧木下胚轴上端靠近子叶节 0.5 ～ 1cm 处，用刀片呈 45°向下削 1 刀，深达 1/3 ～ 1/2，长约 1cm，然后在接穗（在营养钵中不拔）的相应部位向上呈 45°斜切 1 刀，深达 1/3 ～ 1/2。长度与砧木接口相同，左手拿砧木，右手拿接穗，自上而下将两切口嵌入，在接口处用嫁接夹固定，使切面密切结合。嫁接后将砧木连根一起栽植到营养钵中，与接穗根部相距 1cm，以便成活后切除接穗的根，接口距土面 3cm，1 周后嫁接苗成活。嫁接苗成活后适时断根。8 ～ 10 片叶时定植。

8. 嫁接后苗床管理

嫁接后的管理以遮阴、避光、增湿、保温为主。嫁接后前 3d 最重要，应实行密闭管理。要求小拱棚内空气相对湿度在 95% 以上，昼温 25 ～ 28℃，夜温 18 ～ 20℃，以保证嫁接苗伤口快速愈合；3d 后早晚适当通风，两侧见光，中午喷雾 1 ～ 2 次，保持较高的湿度，1 周后只在中午遮光；10d 后恢复正常管理，及时除去砧木萌芽。嫁接后浇 2 ～ 3 次水，最好畦下浇水浸到钵内。浇水后应提温。7 ～ 8 片叶后断根倒苗，苗间适当分开距离，防止窜苗旺长。病虫害防治喷雾加湿时可用 75% 百菌清可湿性粉剂 800 倍液或 50% 多菌灵可湿性粉剂 1000 倍液，喷 1 ～ 2 次，可防苗期多种病害。

三、定植

1. 整地施肥

种植甜瓜的地块秋后深翻 30cm。开春后及时耕翻耙压，使土壤细碎均匀。定植前 15 ～ 20d 整地扣棚，密闭增温。结合整地，每亩沟施充分腐熟农家肥 3 ～ 4m³，三元复合肥 50 ～ 80kg 和适量微肥。同时喷洒杀虫杀菌药（每亩施用辛硫磷 30mL，50% 多菌灵可湿性粉剂 0.1kg 加水 15kg，均匀喷洒于沟内），掺匀耙平，封土埋沟，沟上南北走向做 20cm 高畦。单行种植，行距 1.2m（畦面宽 0.6m），株距 20 ～ 25cm；双行种植，行距 1.4 ～ 1.5m（畦面宽 0.8m），株距 33 ～ 35cm。苗坑直径 10cm，深 7 ～ 8cm。

2. 适时抢早定植

北京地区多层覆膜的春大棚，一般在 3 月上中旬定植（棚内 10cm 深地温稳定在 15℃ 以上），甜瓜苗龄 8 ～ 10 片真叶（50 ～ 60d）。选晴天黄昏前后按大、小苗分别定植。定植密度根据土壤肥力而定，每亩保苗 2100 株左右。移栽前 2d 苗床完全揭膜炼苗，定植时嫁接口应高出地面 5cm 左右。栽苗时每亩最好同时再施钾肥 20kg，可提高甜瓜品质。为防蚜虫每穴放 1 粒缓释药片。定植后浇水，水渗后用湿润细土将苗坨封好。有滴灌条件的，定植后盖膜并将滴灌管放于膜下，立即滴灌。

四、定植后的田间管理

增温控湿、绑蔓整枝、辅助授粉、适时浇水、看苗追肥、预防病虫和植株早衰是田间管理的关键。

1. 整枝和留瓜

整枝是甜瓜栽培过程中的重要环节，对成熟期、产量和效益影响极大。主要采用吊蔓栽培，单蔓整枝法。在 5 ～ 10 节子蔓上低位留瓜，瓜前留 1 叶摘心。在预留节位最低位雌花开花当天（约 3 月中下旬），用坐瓜灵连续同时喷瓜胎 5 ～ 7 个（浓度应按使用说明，视当天天气和棚内温度而定）。整枝应在晴天气温较高时进行（伤口愈合快，减少病菌感染；同时，茎叶较柔软，可避免不必要的损伤）。整枝摘下的茎叶应随时收集带出瓜地，阴雨天不整枝。合理整枝的重点在于使营养体合理、充分生长，但又不致因徒长而影响产量和品质。幼瓜鸡蛋大小开始迅速膨大时定瓜。选留幼瓜分次进行，未被选中的瓜全部摘除，每株定瓜 4 ～ 5 个；定瓜后，其余子蔓不摘除（或只摘除最上边瓜以上的和 5 条子蔓）。主蔓 28 ～ 30 片叶时摘心。头批瓜定个（瓜色由青见白时）后，及时给第 2 批瓜授粉（一般在 18 ～ 28 节）。第 3 批瓜一般自然授粉留果。

2. 温度管理

合理调控温度。嫁接苗定植后需较高温度，定植后随即浇 1 次透水。缓苗期（7d）大棚要密闭增温，前 6d 白天棚内温度控制在 30 ～ 35℃，晴天中午棚温超过 35℃时应揭膜通风，夜间不低于 20℃。第 7d 后放风。茎蔓生长期温度控制在 27 ～ 28℃（苗壮，温度低些；苗弱，温度高些）；授粉前后温度控制在 23 ～ 25℃；果实膨大阶段，昼温 25 ～ 33℃，夜温 15 ～ 18℃；果实发育后期，棚内温度不能超过 33℃（否则甜瓜易烂心），昼夜温差维持在 10 ～ 13℃，以利于果实糖分积累。整个生长期温度不低于 15℃，要防止低温伤苗。

3. 水肥管理

浇好定植水、缓苗水（水要大）、催蔓水和膨瓜水；坐果后，视植株长势适当追肥。甜瓜鸡蛋大时浇膨瓜水，随水每亩追液体肥 15～25kg，生长期还可叶面喷施 0.2%～0.4% 磷酸二氢钾，作根外追肥；随定瓜水追定瓜肥（硝酸铵钙肥 10～15kg）。幼苗期适当控制灌水，果实膨大期加大灌水量，果实停止膨大时控制灌水，收获前 10～15d 停止浇水。浇水宜在早晚进行，切忌大水漫灌，淹没高畦，浸泡植株。每次浇水后应及时喷药防病，3d 内提高棚内温度（35℃以上），以提高地温。为降低空气湿度，减少病害，保护地宜采用膜下浸润灌溉或滴灌。

4. 通风管理

定植前期，因棚内外温差很大，通风时只开中部通风口。有风天只开背风面气口；风小时开迎风面口；无风时两面都打开，风大时少开或不开。总之，要根据天气情况灵活掌握。中后期薄皮甜瓜植株由营养生长转入生殖生长，主蔓直伸架顶，进入旺盛生长期。为及时补充二氧化碳，以益于坐果和果实膨大，此时，要加大通风量，昼夜通风。上午稍迟通风，使大棚内温度迅速上升，以促进光合作用。晚上 9:00 至次日 6:00，植株完全在黑暗中不进行光合作用，这期间应尽可能降低温度，以抑制呼吸消耗。

5. 病虫害防治

病虫害是影响甜瓜高产稳产的重要因素。随着甜瓜栽培环境的改变，病虫害发生日趋严重。因此，有效防治病虫害已成为栽培技术的关键。在防治策略上要防重于治。

五、及时采收

一般头批瓜生长期间温度较低，果实成熟需 35～40d（采收期 5 月上中旬）。应及时采收，以利于下批瓜生长，就地销售的瓜九成熟采摘，清晨采摘为好；采摘时剪留 "T" 形果柄。薄皮甜瓜皮薄，要轻拿轻放。防碰撞挤压，采后随即装箱。远运的瓜八至九成熟采摘，宜于傍晚进行。

六、后批瓜的管理

在头批瓜定个后将转色（由青见白）时，及时对第 2 批瓜喷施坐瓜灵（浓度比头批瓜低）。第 2 批瓜授粉节位在 17～30 节，多数在 18～28 节。头批瓜采收后，第 2 批瓜开始迅速生长，单株留瓜 4～5 个，此时，应加强对瓜的田间管理（方法基本同前）。第 2 批瓜生长期间温度由低渐高，果实成熟约需 35d，采收期约在 6 月上旬。第 3 批瓜一般不整枝，任其自然授粉，随意坐瓜生长，果实成熟约需 28d。采收期在 6 月底 7 月上旬。

第七节　网纹甜瓜栽培关键技术

网纹甜瓜属于厚皮甜瓜亚种网纹甜瓜变种。其生长对栽培条件要求严苛，栽培过程中对施肥、土壤温度、空气、湿度等要求较高，尤其裂网纹期间，必须严格控制好温湿度，如温湿度过高，裂口会增大，导致后期无法愈合，温湿度过低，则无法裂纹或网纹很少很细。果实生育期较长，后期植株早衰，且病虫害发生较多，都给果实的质量安全带来隐患。

优质网纹甜瓜果实外观美丽、大小适中、果形近正球（果形指数 1～1.1）、不畸形、不裂果、无病斑、无斑块、皮色鲜亮、花痕直径小于 2cm、瓜柄呈短"T"字形、果肉厚 3cm 以上、肉质致密、耐储运。果肉脆、细、甜、爽口、纤维少、口味纯正、有芳香味、有回味，中心糖与边糖差异梯度小（一般相差 2%～3%）。孙晓法对优美的网纹进行定性，其标准是每 9cm² 上的网眼为 50 个以上，同时网纹凸起厚度在 0.6mm 以上。

近年随着人民生活水平的提高，我国网纹甜瓜发展势头迅猛，2022 年全国种植面积约 7 万亩，其中主要是细网类型网纹瓜品种，深网类型的网纹瓜面积较少，主要限制因素是其栽培技术相对较难，特别是在坐果后 15～30d 的网纹形成期的环境调控管理。自 2016 年起，北京地区引种深网纹甜瓜，并研究栽培技术，至 2022 年北京地区网纹甜瓜累计种植面积达 670 亩。本节主要介绍了高档深网纹甜瓜的栽培技术，其根系发达，省水、省肥，尤其是 15～30d 的网纹形成期最为重要，不能按照常规的甜瓜栽培技术来栽培，栽培技术要求高，以供参考借鉴。

一、栽培季节及播种

北方日光温室一般在 1 月中旬播种育苗，2 月下旬～3 月上旬定植，4 月上旬授粉，6 月上旬成熟采收。秋季栽培一般在 7 月下旬播种育苗，8 月上旬定植，9 月上旬授粉，11 月中旬成熟采收。

1. 浸种

将种子用 55℃温水浸泡，不断搅拌自然冷却到 30℃，继续浸泡 6 ～ 8h 后捞出洗净，用湿毛巾包好，放在 30℃ 的催芽箱里催芽，一般 18 ～ 24h 出芽，待种子露白即芽 1mm 左右，80% 出芽即可播种。

2. 播种

发芽适宜温度 28 ～ 30℃，采用 32 穴盘基质育苗，每穴 1 粒种子，覆盖 1cm 的蛭石，用白色地膜覆盖保温保湿，当 70% 露头时及时去掉地膜。苗龄 40 ～ 45d。

二、定植

1. 整地、施肥

设施土壤中有机质含量高于 3% 的地块，可不施底肥；有机质含量为 2% ～ 3% 时，可施腐熟农家肥 1 ～ 2m³/ 亩或商品有机肥 0.5 ～ 1t/ 亩；有机质含量低于 2%，施腐熟农家肥 2 ～ 3m³/ 亩或商品有机肥 1t/ 亩。低地力地块每亩施中氮低磷中钾（18-9-18）复合肥 30kg，中地力地块每亩施中氮低磷中钾（18-9-18）复合肥 20kg，多年种植的设施或高地力地块每亩施中氮低磷中钾（18-9-18）复合肥 8 ～ 10kg，也可施含腐植酸或促生菌类生物有机肥。为了更好地发挥作用，可进行沟施，提前 15d 深耕土壤，耙细后作畦。

2. 定植工作

畦宽 50cm，垄宽 1.1m，垄高 20 ～ 25cm，铺好滴灌带，用全生物可降解地膜覆盖，浇足底水，闷棚，提高地温，10cm 地温稳定在 15℃ 以上即可定植，定植采用单行定植，株距 40cm，平均1600 ～ 1800 株 / 亩。

3. 定植注意事项

深度以营养基质上表面与垄面平齐为宜，定植苗要求整齐一致，两叶一心，植株健壮，定植后浇透水。

三、田间管理

1. 温度管理

定植后温度控制在白天 25 ～ 30℃，夜间温度控制在 16℃以上，地温确保 18℃以上；定植到开花坐果期白天温度控制在 33 ～ 35℃，夜间温度控制在 18 ～ 20℃；果皮硬化到网纹形成初期，白天温度上午控制在 25 ～ 30℃，夜间温度以 18 ～ 20℃为宜；网纹形成初期到网纹形成结束，白天温度上午控制在 25 ～ 35℃，夜间温度保持在 18 ～ 22℃；网纹形成后直到采收，白天温度控制在 25 ～ 30℃，夜间温度控制在 15 ～ 20℃。

2. 湿度管理

定植到果实膨大期，定植水浇透，湿度控制在 75% ～ 85%。坐果后 5d 可浇一次膨瓜水，到坐果后 15d 开始逐步控水降低湿度。网纹形成期上午保持 85% 以上的湿度，下午保持干燥。待横网全部形成完后视情况浇水，果实成熟前 15 ～ 20d 禁止浇水，以利于提高糖度。

3. 植株管理

（1）吊蔓　采用吊蔓栽培，当植株长到 8 ～ 10 片真叶时，开始吊蔓，系活扣或用吊蔓夹吊蔓，一般留单蔓，其他侧蔓全部去掉。吊蔓时候要求顶部吊齐，有利于后期的坐果管理。

（2）**坐果**　坐果枝一般在 12 ～ 15 片叶开始留果，子蔓留两片叶子。授粉可采用熊蜂授粉或 0.1% 氯吡脲沾瓜。天气不好时候采用 0.1% 氯吡脲 150 ～ 250 倍液浸瓜胎。注意：要求浸瓜胎均匀，同时留瓜 2 ～ 3 个，授粉后挂吊牌记录授粉日期，最后选果形周正、与其余果实大小整齐一致的留幼果 1 个。

（3）**打顶**　坐果节位以上 10 ～ 15 片叶打顶，把所有的雄花和侧枝去掉。

（4）**吊瓜**　在果实鸡蛋大时，采用吊瓜钩把瓜吊整齐，与植株成 90°保持"T"头，提高商品性。

（5）**打老叶**　先把最下面的 2 ～ 3 片真叶去掉，防止病虫害的发生。到 40 ～ 45d 时坐瓜以下的 5 ～ 8 片叶可以全部去掉，通风透光更好，有利于果实的品质提高。

（6）**套袋**　等瓜全部裂网完成后，35 ～ 40d 网纹全部形成后套纸袋（16cm×8cm），可保湿、防止瓜受药物的污染、保证网纹的美观。

四、病虫害防治

主要病虫害为白粉病、霜霉病、蔓枯病、细菌性果斑病、蚜虫、蓟马等，预防为主，防治结合，以生物、物理防治为主，化学防治为辅。

采用 50% 醚菌酯悬浮剂 3000 倍液喷雾防治白粉病；采用 68.75% 氟菌·霜霉威悬浮剂 800 倍液喷雾防治霜霉病；采用 25% 嘧菌酯悬浮剂 1500 倍液 +20% 松脂酸铜乳油 2000 倍液喷雾或药剂涂抹发病部位防治蔓枯病；用 72% 农用硫酸链霉素可溶粉剂 1000 倍液喷雾防治细菌性果斑病；用 22% 氟啶虫胺腈 3000 倍液喷雾防治蚜虫；用乙基多杀菌素悬浮剂 2000 倍液喷雾防治蓟马。

五、采收

　　根据品种特性，按坐果日期标记采收或以坐瓜节位的叶片焦枯为标志采收，果柄上保留侧蔓呈"T"字形。分级处理：根据网纹的疏密程度、美观度、重量等指标进行分级入库。

第九章

设施西瓜、甜瓜均一化管理技术

　　为达到西瓜、甜瓜产业均一化生产的目的，通过种植品种特色化、栽培技术标准化和组织生产规模化，做到产品的"一致性、稀缺性、安全性、故事性和美观性"。产品的一致性是指成熟度一致、采收期一致、大小一致、品质一致；产品的稀缺性是指产品能实现"人无我有，人有我精"；产品的安全性是指控制产品的农药残存和控制生产及销售风险；产品的故事性是指从产地、生产过程、环境、人员等有故事可挖掘；产品的美观性是指包装、分级和码放等。

第一节　精准化的园区定位

一、园区现状分析

1. 社会条件

应考虑园区的农业发展现状、经济发展现状、土地利用现状、交通条件、现有设施和环境质量六个方面。

（1）**农业发展现状**　包括生产力水平、技术水平、主要农业产业。

（2）**经济发展现状**　包括当地经济发展水平和消费水平。

（3）**土地利用现状**　主要调查当地土地利用效益水平。

（4）**交通条件**　调查农业园区所处地理位置与交通条件。

（5）**现有设施**　包括给排水设施、能源、电源、电讯等。

（6）**环境质量**　主要包括水、气、噪声；园区所在区域与园区建设相关的宏观布局规划；设计观光农业园区时，要在分析区域旅游发展基础上，着重考虑农业旅游资源的类型、特色、资源分布，注意外围旅游资源的状况。

2. 自然条件

应考虑园区的气象、地形、土壤、水质和地质五个方面。

（1）**气象方面**　包括气温、湿度、降水量、无霜期、风力、风速、风向、日照天数、大气污染等。

（2）**地形方面**　包括调查地表面的起伏状况，包括坡度、面积、高度等。

（3）**土壤方面**　包括土壤理化性质，如土质、养分含量、pH值等。

（4）**水质方面**　包括现有水面及水系范围、水质及地下水状况。

（5）**地质方面**　包括工程地质、水文地质、地震等。

二、发展定位

农业园区代表一个地区的农业发展和经营水平，同时也展示着农业发展的方向，因此要明确园区发展的方向和思路，推进园区持续、健康、快速发展。主要包括园区的性质与规模、园区的主要功能与发展方向和园区的发展阶段及每阶段的发展目标。定位要求农业园区要努力达到"适、优、新、大、高"。

1. "适"

指园区的功能设置要和当地的主导产业发展相适应，选择适销对路的主导产品。

2. "优"

指采用新技术、新工艺，全面提高产品质量，创造优质产品的品牌。

3. "新"

指不断开发新产品，增加园区发展后劲。

4. "大"

指不断扩大规模，提高市场占有率。

5. "高"

指园区的劳动生产率高、产出率高、经济效益高。

三、园区规划与功能布局

园区的规划应该服从园区定位，充分考虑市场的需求。以市场为导向，效益为中心，技术为支撑；注意项目的适用性和先进性；考虑开发的难度和投资风险。

四、功能分区

园区可分为生产区、示范区、观光区、管理服务区和休闲配套区。其中生产区主要包括种植业设施，育苗、生产、加工等区域；示范区包括科普、展示、培训等区域；观光区包括观赏型农田、观赏性瓜果、珍稀动物饲养、花卉苗圃等区域；管理服务区包括管理、经营、培训、会议、车库、生活用房等区域；休闲配套区包括餐饮、垂钓、度假、游乐等区域。

五、土地规划

1. 土地利用现状分析

主要包括农业用地、建筑用地、林业用地、水利用地、滨河水系等各类用地的面积和现状比例；包括人均耕地、园地、林地、牧草地面积及森林覆盖率等。

2. 用地界限的确定

主要包括分区布局与生产区比例，如示范区、观光区、管理服务区、休闲配套区比例。

六、工程规划

包括生产设施、辅助设施、水电、农机、信息化和科普接待室等内容。其中生产设施包括大棚、温室、育苗设施、工具房等；辅助设施包括初加工场地、晾晒场地、冷库、能源供应和设备、废弃物、水处理间、管理用房、内部道路、其他设施等；水、电总容量；农机配置、信息化设施和科普接待室等。

　设施西瓜甜瓜均一栽培技术

第二节　标准化的种植模式

一、品种的选择

　　应依据四个原则，即"因种而宜""因地制宜""因人而异"和"因时制宜"。其中"因种而宜"是指根据品种特性与产品的定位来确定品种；"因地制宜"是指根据当地气候、环境、设施类型、市场需求来确定品种；"因人而异"是指根据从业人员管理水平、经销商和消费者需求来确定品种；"因时制宜"是指根据茬口安排来确定品种。

二、栽培模式的选择

　　栽培模式的选择主要从园区定位、产品定位和劳动力状况三个方面考虑。目前北京地区的主要栽培模式有小型西瓜优质吊蔓栽培模式、小型西瓜长季节栽培模式、中型西瓜长季节栽培模式、小型西瓜基质栽培模式、精品网纹甜瓜高商品率栽培模式、薄皮甜瓜多果多茬高效栽培模式等。

　　注意事项：

　　① 单位设施内作物长势均匀，达到最好的产量、一致的品质和最高的商品率。尽量减小管理难度，缩短授粉时间，统一水肥和温度管理，统一采收；

　　② 从设施改造开始，涉及品种、育苗、环境控制等多个环节；

　　③ 分批种植，按照一天工作量设置每批规模，选壮苗定植，一般应在定植前20多天准备好，采用多层覆盖方式进行保温；

④ 整枝作业工作应尽早进行，整枝需在20cm以内，5d一次，保证后期授粉时间集中，以一天内完成一批为宜，保证植株长势一致，小型西瓜按照1人管理2亩为宜；

⑤ 授粉时间集中，便于后期肥水管理及收获；

⑥ 把一天可以工作完的面积作为一批，播种、嫁接、定植、整枝、授粉、疏果、调整、收获等作业全部要在一天之内完成，同时保证设施内环境尽量一致。

三、高效化的生产组织

高效化的西瓜、甜瓜生产组织应在规模化生产的基础上从现代化的运营、生产链的构建和供应链的整合三个方面考虑。

① 现代化的运营应从政府政策、资本、市场、技术与生产组织等方面考虑；

② 生产链的构建应从育苗、机械定植、化控、授粉、采收、植保等简约化栽培，社会化服务，标准化的产品和均衡化的供应四个方面考虑；

③ 供应链的整合应从分级、品控、供应量、供应期等生产端，与流通对接的流通端，以产品流、信息流、资金流为核心的供应链集成管理。主要包括销售计划、生产计划、资金管理计划、人员管理计划、生产技术规程、产后加工6个系统。其中销售计划主要包括目标市场、物流周期、加工周期、回款时间等；生产计划主要包括定植时间、生产资料和人力投入、上市时间等，应由销售、技术和生产管理三方面共同制定，同时考虑气候、市场、供应期、品种特性、栽培方式等因素；资金管理计划包括回款时间、采购量、质量标准、监测等；人员管理计划包括

时间、投入量、培训、考核等；生产技术规程；产后加工包括分级与包装。

第三节　过程化管理技术集成

一、集成西瓜、甜瓜环境控制技术

通过监测北京地区西瓜、甜瓜设施栽培条件下全生育期的环境因子，包括温度、光照强度、空气相对湿度和 CO_2 浓度等环境指标，明确了环境因子的调控范围，指导规模化生产。同时引进物联网控制系统，实现了环境因子的无线采集和实时监控，水肥自动灌溉和远程控制。

1. 不同生育期温度调控范围

缓苗期为 $10 \sim 35℃$，平均为 $20℃$；伸蔓期温度为 $12 \sim 38℃$，平均为 $23℃$；结果期温度为 $15 \sim 40℃$，平均为 $25℃$（见表9-1）。

表9-1　西瓜、甜瓜全生育期环境因子的变化范围

生育期	空气温度 /℃			光照强度 /lx		空气相对湿度 /%		
	平均	最高	最低	平均	最高	平均	最高	最低
缓苗期	20	35	10	3650	13500	60	85	20
伸蔓期	23	38	12	4650	19000	72	90	35
结果期	25	40	15	5750	24000	75	92	40

2. 光照调控范围

缓苗期一天的平均光照强度保持在 3650lx 以上，伸蔓期保持在 4650lx 以上，结果期保持在 5750lx 以上。

3. 空气相对湿度调控范围

缓苗期为 20% ～ 85%，平均 60%；伸蔓期为 30% ～ 90%，平均 72%；结果期为 40% ～ 92%，平均 75%。

4. 全生育期 CO_2 浓度变化范围

CO_2 浓度范围为 351 ～ 560μL/L（见图 9-1）。

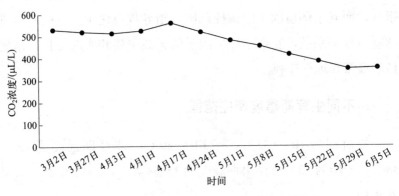

图 9-1　西瓜、甜瓜全生育期 CO_2 浓度变化趋势

二、建立小型西瓜高产数据模型

1. 温度与小型西瓜生长及产量的关系

经过三年来对植株生长期间温度观测和记录，小型西瓜全生育期所需积温为 1859.25℃·d。其中缓苗期为 134.05℃·d，伸蔓期为 564.20℃·d，结果期为 1161.00℃·d。缓苗期每增加一片

叶积温为 47.89℃·d；伸蔓期每增加一片叶积温为 39.45℃·d；结果期每增加一片叶积温为 60.16℃·d。每形成 1kg 产量积温为 1239.5℃·d（见表 9-2、表 9-3）。

表 9-2　积温与小型西瓜物候期的关系

时期	时间 /d	积温 /（℃·d）
缓苗期	7	134.05
伸蔓期	26	564.20
结果期	50	1161.00

表 9-3　温度与小型西瓜植株长势的关系

时期	日均温度 /℃	积温 /（℃·d）	株高 /cm	株高日均长 /（cm/d）	叶片数 / 片	叶片日均增长量 /（片 /d）
缓苗期	19.15	134.1	31.6	2.33	5.8	0.4
伸蔓期	21.70	564.2	173.4	5.45	20.1	0.55
结果期	23.22	1161.0	346.5	3.46	37.5	0.35

2. 灌水量与小型西瓜长势及产量的关系

从定植到采收整个生育期浇水次数为 9 次。缓苗期 3 次；伸蔓期 2 次；结果期 4 次。全生育期浇水量为 1534.88×10³L/hm²，每株浇水量为 34.92L。其中缓苗期日均每株浇水量为 1.69L，株高每增加 1cm 所需水分为 0.725L，每增加一片叶所需水分为 4.225L；伸蔓期日均浇水量为 0.15L，株高每增加 1cm 所需水分为 0.028L，每增加一片叶所需水分为 0.272L；结果期日均浇水量为 0.38L，株高每增加 1cm 所需水分为 0.110L，每增加一片叶所需水分为 1.086L。每形成 1kg 产量所需水分为 22.654L（见表 9-4、表 9-5）。

表 9-4　小型西瓜不同生育期的灌溉量及灌溉次数

不同生育期	浇水时间	灌溉方式	浇水量 /（×10³L/hm²）
缓苗期	3 月 3 日	微喷	313.95
	3 月 8 日	微喷	109.88
	3 月 13 日	微喷	104.65
伸蔓期	3 月 22 日	微喷	116.86
	4 月 7 日	微喷	55.81
结果期	4 月 20 日	微喷	348.84
	4 月 28 日	微喷	183.14
	5 月 7 日	微喷	261.63
	5 月 13 日	微喷	40.12

表 9-5　小型西瓜灌溉量及次数与植株长势的关系

时期	日均每株需水量 /L	株高日均增长 /（cm/d）	需水量 /（L/cm）	叶片日均增长量 /（片/d）	需水量 /（L/片）
缓苗期	1.69	2.33	0.725	0.40	4.225
伸蔓期	0.15	5.45	0.028	0.55	0.272
结果期	0.38	3.46	0.110	0.35	1.086

3. 施肥量与小型西瓜长势及产量的关系

从定植到采收，施底肥 1 次，追肥 5 次，需有机肥 30t/hm²、化肥 420kg/hm²，每株需化肥量为 32.59g。日均株高增长量为 3.99cm。植株每增长 1cm，需化肥 0.116kg；从定植到采收，植株叶片增加 36.4 片，日均叶片增加量为 0.44 片；植株每增加 1 片叶，需化肥 1.054kg（见表 9-6、表 9-7）。

表 9-6　小型西瓜全生育期肥料施用方案

生育时期	日期	底肥及追肥名称	施肥方式	施肥量
缓苗期	2 月 2 日	稻壳鸡粪、鱼肥、复合肥	沟施	稻壳鸡粪 $6m^3$；鱼肥 40kg；雷力复合肥 24kg
	3 月 8 日	氮：磷：钾（20：20：20）	微喷	4kg
伸蔓期	4 月 2 日	氮：磷：钾（20：20：20）	微喷	5.5kg
结果期	4 月 20 日	氮：磷：钾（16：8：34）	微喷	10kg
	4 月 28 日	氮：磷：钾（16：8：34）	微喷	7.5kg
	5 月 7 日	氮：磷：钾（16：8：34）	微喷	4.5kg

表 9-7　小型西瓜全生育期肥料用量与植株长势关系

时期	株高增量/cm	株高日均长/（cm/d）	需化肥量/（kg/cm）	叶片数加量/片	叶片日均增长量/（片/d）	需化肥量/（kg/片）
缓苗期	16.3	2.33		2.8	0.4	
伸蔓期	141.8	5.45	0.116	14.3	0.55	1.054
结果期	173.1	3.46		19.3	0.35	
合计	331.2	3.99		36.4	0.44	

三、建立小型西瓜田间管理体系

为提高小型西瓜种植者的工作效率，建立高效、有序的小型西瓜规模化种植田间管理体系，协助园区制定了小型西瓜种植的团队管理方案。

1. 小型西瓜技术服务团队的人员管理体系

以每亩产量 2500kg 为基础目标，产量不封顶；严格执行技术指导方案，在不同生长期完成工作指标；采取分片管理、定岗定责，每人负责 4.7hm^2（约 70 亩）监管指导工作，对所管辖区内的农事操作质量、进度、病虫害监测、工人的使用等拥有决定权；每天要做好生产、天气、病虫害监测及用工记录，发现问题要及时反馈到微信交流群并协商解决；基地内发生的所有问题事件及时告知负责人，实事求是，不得隐瞒；团队设立奖惩措施，对每亩产量超出基础目标部分进行奖励。发现工作松散、不积极主动处理问题、造成生产损失的视情节罚款；团队成员对工人要严格管理，不能存在包庇行为。确立以时间、数字工效为基准的用工原则，使用工与产出效益最大化；坚持团队合作，明确责任、共同努力，超额完成任务指标。

2. 小型西瓜种植过程中的技术指导方案

（1）**育苗管理**　明确播种时间、基质用量、嫁接方法、种子处理和病虫害防治的方法及标准。

（2）**田间管理**　制定整地施肥管理，定植管理，坐瓜期、膨瓜期管理的工作内容、效率及考核标准（见表 9-8～表 9-11）。

表 9-8　整地施肥管理的工作内容及规范

步骤	工作内容	工作标准
第 1 步	清理上茬瓜秧、杂草、地膜。滴灌管放置在大棚两侧，检查上茬是否有因地势不平而缺水的情况。如有，要及时平整畦面	2 人合作，每天工作量为 0.2hm^2

步骤	工作内容	工作标准
第2步	将有机肥、化肥、菌肥撒施于定植沟上，然后旋耕，深度15～20cm	菌肥在前一天的下午或随耕迅速撒施，减少暴露时间，旋耕2遍以达到表层土壤细碎
第3步	平畦定植畦面，铺设滴灌管，以25cm的株距挖定植穴，田间试水检查管道是否有跑漏、过水面积及压力问题	2人合作，每天工作量为0.3hm²
第4步	覆盖地膜，要全棚盖严，以防杂草滋生，最好选银灰膜	2人合作，每天工作量为0.2hm²

表9-9　西瓜定植管理的工作内容及规范

周期天数	工作内容	工作标准
1～10d	挖定植穴、穴内放防蚜虫药片和防线虫菌剂，如阿维菌素颗粒剂。幼苗三叶一心时定植，要求幼苗无病、无黄化老叶，每亩定植2000株，及时浇定植水。根据上市时间10d完成13.3hm²	以10cm穴深为标准栽苗，切不可用力压苗坨。每人每天工作量以2000株为标准
10～20d	在瓜苗周边覆土，补充叶面肥，如氨基寡糖素100mg兑水15kg；视情况喷施杀菌剂，如25%嘧菌酯悬浮剂1000倍液。检查植株生长情况。发现死苗、僵苗要及时补栽。要求此期间完成6.7hm²（约100亩）	要求缺苗率为0，缺苗即补，不得出现僵苗、老化苗、病苗。确保幼苗成活率100%，若发现死苗不及时补栽，每株罚款100元，技术人员和工人共同承担责任。按目标上市期完成定植任务，如因技术员与工人工期延误，每人罚款5000元，严重者开除

周期天数	工作内容	工作标准
20 ~ 30d	整枝方式：双蔓一绳或三蔓整枝吊单蔓。掐除侧枝，顺蔓上架，适时浇催花水，喷施 65% 代森锌可湿性粉剂 800 倍液	整枝要求：工人 30s 整完 1 株，每天操作 1200 株，侧枝必须摘除干净。要求：瓜秧上不能有 20cm 以上的侧枝，每天操作 3000 株，注意保护雌花

表 9-10　西瓜坐瓜期管理的工作内容及规范

周期天数	工作内容	工作标准
始花 1 ~ 3d	视天气情况，喷施坐瓜灵辅助人工授粉并标注日期	每名工人在 11:00 之前完成所负责面积，要求不漏下
授粉后 3 ~ 7d	选择瓜胎周正、生长强势的瓜胎授粉（补授），喷花并标记日期	可合作，可加人，但必须保证不漏下
授粉后 7 ~ 12d	在坐瓜率达到 80% 以上时，不放弃任何一个授粉机会，要求坐瓜率 100%，并摘除歪瓜、果面受损的瓜，同时标注日期	蔬果要及时，此期间严格要求坐瓜率达 90%
授粉后 1 ~ 12d	此期间，技术员每天记录天气情况，掌握成熟积温，做好授粉标记，整理瓜秧，避免瓜秧疯长	每名工人每天工作时长增加到 10h 以上，每分钟按 3 株工作量的要求整理瓜秧

表 9-11   西瓜膨瓜期管理的工作内容及规范

周期天数	工作内容	工作标准
授粉后 12 ～ 20d	整枝拴瓜，浇一次膨瓜肥水，摘除双瓜、歪瓜等，并喷施丰宝叶面肥。病虫害防治：可用天敌捕食螨防治蚜虫、螨、蓟马等害虫。可用矿物油 3000 倍液防治白粉病，65% 代森锌可湿性粉剂 800 倍液防治疫病，并注意保温	检查坐瓜率，必须达到 98% 以上。工人每天巡视田间 2 次，及时发现病情、旱情，确保前期单瓜质量达到 1.5kg 左右
授粉后 20 ～ 30d	选择 1 条健壮侧枝作为二茬瓜结果的营养枝，用夹子夹在瓜秧上，每天观察开花情况，预测结瓜时间，做好二次结果准备	工人以每分钟 1 株的工作量完成二茬瓜结果枝条的选择上架，单瓜重以 2.5kg 为理论目标
授粉后 30 ～ 40d	一茬准备采摘，二茬授粉，授粉要求严格按一茬瓜的规定操作，授粉后喷施 1 次 25% 嘧菌酯悬浮剂 +1.8% 阿维菌素乳油 1000 倍液防治病虫害，根部追施复硝酚钠生根剂，浇好膨瓜水	技术员每天剖开一茬瓜验成熟度并记录上报，二茬瓜的授粉工作量按一茬瓜坐瓜要求实施

四、制定西瓜、甜瓜的分级标准

考虑西瓜、甜瓜外观、中心含糖量和重量三个指标，首先筛选外观和中心含糖量，外观用人工观测，含糖量按照同一授粉批次选 5 个瓜测量。然后按照重量分成三个等级，制定西瓜、甜瓜产后分级流程，针对不同市场制定分级标准（见表 9-12、表 9-13）。

表 9-12　小型西瓜的分级标准

等级	外观	含糖量 /%	重量 /kg	备注
A	果形正常，果皮光滑，无空洞	12.5	1.25 ～ 1.5	
AA	果形正常，果皮光滑，无空洞	12.5	1.5 ～ 1.9	可按照市场需求调整重量标准
AAA	果形正常，果皮光滑，无空洞	12.5	1.9 ～ 2.25	
等外品	畸形，有虫眼，空洞果	12 以下	低于 1.25kg 或高于 2.25kg	

表 9-13　网纹甜瓜的分级标准

等级	外观	含糖量	单果重 /kg	备注
A	果面白净，无斑点，无伤痕，网纹均匀，每 9cm² 面积上网眼数 150 个以上，网纹宽度 2mm 以上，厚度 1mm 以上；蒂头鲜绿，完好无损，长度与横径接近，平直；果形指数 1 ～ 1.1；花痕直径小于 2cm	15% 以上	1.4 ～ 1.7	可按照市场需求调整重量标准
AA	果面白净，少有斑点，无伤痕，网纹均匀，每 9cm² 面积上网眼数 100 个以上，网纹宽度 1.5mm 以上，厚度 1mm 以上；蒂头完好无损，长度与瓜横径接近，平直；果形指数 0.9 ～ 1.2；花痕直径小于 3cm	14% 以下	1.3 ～ 1.8	

等级	外观	含糖量	单果重 /kg	备注
AAA	表面允许少有斑点，允许有少量疤痕，网纹均匀立体，每 9cm² 面积上网眼数 50 个以上，网纹宽度 1mm 以上，厚度 0.6mm 以上；蒂头允许有斑，允许倾斜且与水平呈 45°以下角，长度允许小于瓜横径；果形指数 0.9 ～ 1.3；花痕直径小于 3.5cm	13.5% 以上	1.25 ～ 2	可按照市场需求调整重量标准
AAAA	表面允许有斑点，允许有疤痕，原则上不影响整体美观即可，网纹较稀疏；蒂头允许有斑，允许不平直；花痕直径小于 3.5cm	12% 以上	1.25 ～ 2	
等外品	表面有斑点，允许有疤痕，网纹稀疏；蒂头允许不完整		1	

第十章

西瓜、甜瓜品牌建设

西瓜、甜瓜品牌的建设应该从企业品牌和区域品牌两方面进行。企业品牌的建设主要是针对产业的生产问题和发展需求，与科研院所进行联合创新，通过制定企业的栽培技术体系、生产技术体系和加工销售体系标准，实现产品质量提升、商品性提升、特色性增加，打造优质特色的西瓜、甜瓜品牌。

区域品牌是指在某一特定地域内具有一定生产规模和市场占有率的产品，借助产地名形成"区域名＋产品名"的形式，为域内生产经营该类产品的企业所共同拥有和使用的，具有较高的整体形象和影响力的集体品牌。区域品牌包含两个要素：一是"区域"，二是"品牌"。"区域"是指它的区域属性，这是不同于一般的产品和企业品牌，而是限定在一个行政或地理区域内，反映区域内自然或资源优势。"品牌"是指它的品牌效应，代表着区域产品的主体和形象。例如大兴庞各庄西瓜、昌乐西瓜等是典型的区域品牌形式。

第一节 品牌建设内容

一、加强标准化基地的建设

根据产品的优势、特点和定位，进行西瓜、甜瓜标准化基地的建设来保证产品的内在品质。主要通过建设西瓜、甜瓜栽培技术体系，健全产品质量安全检测体系，构建农业标准化推广体系。

二、加强优势产区管理

西瓜、甜瓜品牌的建设很大程度上取决于农产品的区位优势。包括特有的土质、水质、光照、气候环境。好品质是品牌建设的基础，而区位优势是好品质的基础。因此加强西瓜、甜瓜优势产区的管理对于品牌建设至关重要。

三、加强品牌技术创新

北京有包括中国农业科学院、北京农学院、北京市农林科学院和北京市农业技术推广站等在内的多家科研及推广机构。此外一些涉农企业也拥有较强的科技创新能力。这些机构的研究成果使得北京市在西瓜、甜瓜育种方面处于国内先进水平。西瓜、甜瓜种植者在生产实践过程中不断地进行技术更新，使农产品的品质不断改善。

第二节　品牌管理和文化建设

一、商标注册

商标能够明晰产权主体。同种商品一般会有许多生产者，为了进行区分，表明自己产品独具特色，生产经营者需要为其注册商标。

二、"三品一标"认证

农产品质量认证是农产品品牌建设的一个重要部分，"三品一标"认证的实施可以实现农产品品牌的规模化效应。将开展西瓜、甜瓜绿色和有机农产品认证与农副产品地理标志认证列入品牌创建的重点，应不断强化企业和农民经济合作组织在农产品质量认证中的主体地位。

三、加强对农产品品牌的保护

采取多种举措加强对农产品品牌的保护。针对区域品牌商标的共享性产生的以次充好、假冒伪劣的现象，利用协会或者龙头企业对区域品牌商标的使用权进行动态管理。通过对经营者的定期抽查，不合格的将不能够使用该商标，积极采用科技手段防伪。

四、加大农产品品牌的文化建设

应结合当地的历史文化及产业背景，展现农产品品牌的文化底蕴。融入绿色健康理念，赋予农产品品牌文化内涵。

第三节　品牌沟通体系构建

一、农产品品牌沟通体系构建

1. 注重对产品的包装

产品的包装在流通领域是一种直接的宣传方式。包装作为品牌的一个传播元素，可以让本产品与其他产品区别开来。要根据产品定位来决定产品的包装形式。

2. 加强宣传推广

以推介"优质特色西瓜、甜瓜品牌"为核心，通过电视、互联网、报刊、推介活动等多种渠道宣传西瓜、甜瓜产业。如北京西瓜、甜瓜，通过《农民日报》《北京日报》、新华网、中国农网、北京电视台和北京广播电视台等平台进行宣传。

3. 拓宽销售渠道

除了传统的销售渠道以外，还可以利用互联网平台、农超对接等渠道进行销售。

二、品牌建设中的问题

1. 西瓜、甜瓜产业自身的特点不利于品牌的开发

一是西瓜、甜瓜生产受气候、光照、水分等自然环境的影响较大，导致农产品的质量稳定性较差。二是西瓜、甜瓜生产受地域的影响较大导致规模扩大有很强的限制性，造成了连续供应困难。三是西瓜、甜瓜生产周期有很强的季节性，难以保证其连续供应。四是产品差异性不明显，同地区生产的西瓜、甜瓜产品，普通消费者很难对其品质进行区分。

2. 品牌农产品品牌化商业化程度低

部分产品因为同质化严重，缺少区域性品牌化的建设，龙头企业、产销协会、合作社尚未与瓜农形成紧密的利益联结机制，多是一种单纯的购销关系，导致目前产地品牌多、流通品牌少，小生产与大市场的矛盾依然突出。

3. 品牌农产品的科技含量低且溢价不高

西瓜、甜瓜生产阶段的科技门槛仍然较低，相关企业在技术改造、创新发展方面投入较少，尤其是产后保鲜、贮运、加工等环节科技投入滞后。企业科技创新能力弱，有些企业产品虽然有规模，但是产品只限于初级开发，基本上停留在粗加工上，对产品的精深加工和深度开发不足，品牌溢价不高。

4. 品牌化经营中有"劣币驱逐良币"现象出现

农产品容易被假冒或者品牌遭遇侵权，而且违法成本低。农产品品牌多是农户共享的区域品牌，品牌的主体性不够突出，往

往成为假冒伪劣产品侵犯的重点目标，导致"劣币驱逐良币"现象的发生。

第四节 品牌建设方向

一、品牌建设的方向

1. 差异化的品种选择

从单品类单品种突破，从小众、独特品种切入，实现"人无我有、人有我优、人优我特"。

2. 适时适地四季生产布局

根据特异化品种的生产适应性，依据全国乃至周边国家不同生态地区与生产设施禀赋，选择最合适季节、最适合地区组织生产。

3. 最佳生产商（生产方式）开展标准化的生产

通过各种合作方式（订单、共享、联合、股份等），让最好农户帮助生产出品质最优、相对成本较低的产品。

4. 终端合作或品牌化销售

实现终端销售拉动或者可控，或者与品牌化销售公司合作，以差异化的价格，实现产品周年品牌化销售。

二、品牌建设的效果

1. 整合多方资源，建立品牌基地

以建立"规模化西瓜、甜瓜生产基地"为抓手，整合科研、农资、土地、农技服务和销售等多方资源，积极发挥合作社、园区等运营主体的示范带动作用，将农户纳入产品供应链条。一是运营主体负责产前采购种子、配方肥、种苗等物资，完善温室、大棚及水肥一体化的基础设施建设，同时负责产品回购和品牌化销售；二是农户负责按照运营主体要求，在生产基地进行产品的标准化生产和分级包装工作；三是农技人员协助运营主体完成种植管理体系的构建、生产技术规程的制定和产品品牌策划等工作。

2. 依托现代企业，拉动品牌建设

依托育种、科研、技术推广、生产（合作社）和销售等企业，共同开展精品西瓜、甜瓜品牌建设。在科技、产业、资本和品牌等多方资源共同驱动下，进行特色品种品牌、流通品牌和商业品牌的开发，依托销售平台和北京、上海高端市场，共同提升企业的品牌价值，促进企业其他产品价格的提升。

参考文献

[1] 王坚.中国西瓜甜瓜 [M].北京：中国农业出版社，2000.

[2] 曾剑波，马超.设施西瓜使用栽培技术集锦 [M].北京：中国农业出版社，2015.

[3] 朱莉.设施薄皮甜瓜优质高产栽培技术 [M].北京：中国农业科学技术出版社，2015.

[4] 朱莉.北京市西瓜甜瓜产业发展及消费需求 [M].北京：中国农业科学技术出版社，2014.

[5] 林德佩，仇恒通，孙兰芳，等.西瓜甜瓜优良品种与良种繁育技术 [M].北京：中国农业出版社，1993.

[6] 贺洪军.西瓜绿色栽培新技术大全 [M].北京：中国农业科学技术出版社，2016.

[7] 朱莉，曾剑波，李云飞.西瓜、甜瓜优质高产栽培技术 [M].北京：化学工业出版社，2017.

[8] 张保东，江姣.西瓜、甜瓜优质高产栽培技术 [M].北京：化学工业出版社，2019.

[9] 曾剑波，朱莉，李琳，等.北京地区西瓜甜瓜栽培技术现状综述 [J].中国瓜菜，2014，27（5）：68-70.

[10] 王娟娟，李莉，尚怀国.我国西瓜甜瓜产业现状与对策建议 [J].中国瓜菜，2020，33（5）：69-73.

[11] 马超，曾剑波，朱莉，等.北京西瓜产业发展 40 年来回顾及展望 [J].中国瓜菜，2022，35（2）：112-117.

[12] 张保东，江姣，哈雪娇，等.北京大兴西瓜产业调查与分析 [J].中国瓜菜，2019，32（8）：58-61.

[13] 高玉琦，胡宝贵.北京市西瓜产业发展现状及对策建议 [J].中国瓜菜，2020，33（11）：87-89，93.

[14] 张保东，赵永和，兰振，等.设施西瓜栽培新技术在北京地区的应用 [J].中国瓜菜，2012，25（6）：51-53.

[15] 孙桂芝，马超 . 设施小型西瓜优质高效栽培技术在京郊的应用现状 [J]. 园艺与种苗，2022，42（5）：8-10.

[16] 马超，宫国义，曾剑波，等 . 北京市西瓜甜瓜品种构成现状分析 [J]. 中国瓜菜，2019，32（11）：91-93.

[17] 马超，曾剑波，朱莉，等 . 北京地区西瓜种植现状及优质西瓜品种推介 [J]. 园艺与种苗，2021，41（9）：41-42，45.

[18] 陈宗光，高会芳，相玉芳 . 小果型西瓜最佳嫁接方法筛选试验 [J]. 中国瓜菜，2015，28（1）：36-38.

[19] 江姣，芦金生，张保东 . 设施立架小果型西瓜蜜蜂授粉效果分析 [J]. 中国瓜菜，2014，27（6）：33-36.

[20] 刘雪兰，张雪梅，宗静，等 . 整枝方式及留果节位对秋大棚厚皮甜瓜产量的影响 [J]. 中国蔬菜，2010（20）：71-73.

[21] 刘雪兰，王永泉，曾雄，等 . 北京春大棚薄皮甜瓜多果多茬高效栽培技术 [J]. 中国瓜菜，2010（1）：41-42.

[22] 马超，曾剑波，曾雄，等 . 北京地区春大棚小型西瓜吊蔓密植抢早栽培技术 [J]. 中国蔬菜，2014（1）：83-85.

[23] 刘雪兰 . 北京地区设施甜瓜早熟高效栽培技术 [J]. 北京农业，2008（12）：18-21.

[24] 马超，曾剑波，穆生奇，等 . 春大棚小型西瓜"2 蔓 1 绳"不同栽培密度比较试验 [J]. 中国园艺文摘，2014（7）：19-20，71.

[25] 于琪，芦金生，张保东，等 . 北京春大棚西瓜绿色高效栽培集成技术 [J]. 中国瓜菜，2018，31（3）：48-49.

[26] 张莹，曾剑波，马超，等 . 4 种功能性肥料对小型西瓜生长发育及品质的影响 [J]. 甘肃农业科技，2021，52（4）：4-8.

[27] 马超，曾剑波，朱莉，等 . 北京地区春大棚小型西瓜混合基质无土栽培技术 [J]. 园艺与种苗，2018（3）：1-3.

[28] 马超，吴学宏，郭喜红，等 . 北京市西瓜甜瓜病虫害绿色防控技术集成 [J]. 中国瓜菜，2019，32（12）：88-90.

[29] 徐茂，孙桂芝，张盼盼，等 . 京郊塑料大棚西瓜规模化绿色生产技术 [J]. 农业工程技术，2018，38（35）：43-44.

[30] 于琪，张保东，江姣，等 . 北京地区大棚中果型西瓜简约化省工栽培集

成技术 [J]. 中国瓜菜，2016，29（7）：48-49.

[31] 马超，朱莉，曾剑波. 北京地区设施西瓜生产技术规程 [J]. 中国瓜菜，2019，32（9）：80-81.

[32] 李云飞，朱莉，曾剑波. 甜瓜设施栽培技术规程 [J]. 中国瓜菜，2019，32（10）：88-89.

[33] 张世同. 北京庞各庄西瓜种植能手的团队管理方案 [J]. 中国瓜菜，2018（10）：91-93.

[34] 刘超，胡宝贵. 多功能农业视角下的北京市西瓜产业发展 [J]. 中国瓜菜，2018，31（8）：45-48.